21 世纪高等职业技术教育规划教材——电气工程类

电气运行

主　编　马　慧　李仙琪　刘　峰

主　审　潘　科

西南交通大学出版社

·成　都·

图书在版编目（CIP）数据

电气运行 / 马慧，李仙琪，刘峰主编. —成都：西南交通大学出版社，2015.1

21世纪高等职业技术教育规划教材. 电气工程类

ISBN 978-7-5643-3568-7

Ⅰ.①电… Ⅱ.①马… ②李… ③刘… Ⅲ.①电力系统运行-高等职业教育-教材 Ⅳ.①TM732

中国版本图书馆 CIP 数据核字（2014）第 271016 号

21世纪高等职业技术教育规划教材——电气工程类

电 气 运 行

主编 马 慧 李仙琪 刘 峰

责 任 编 辑	黄淑文
封 面 设 计	墨创文化
出 版 发 行	西南交通大学出版社 （四川省成都市金牛区交大路 146 号）
发 行 部 电 话	028-87600564　028-87600533
邮 政 编 码	610031
网　　　　址	http://www.xnjdcbs.com
印　　　　刷	四川川印印刷有限公司
成 品 尺 寸	185 mm × 260 mm
印　　　　张	11
字　　　　数	275 千字
版　　　　次	2015 年 1 月第 1 版
印　　　　次	2015 年 1 月第 1 次
书　　　　号	ISBN 978-7-5643-3568-7
定　　　　价	28.00 元

课件咨询电话：028-87600533

图书如有印装质量问题　本社负责退换

版权所有　盗版必究　举报电话：028-87600562

前　言

本书针对电气运行实际情况,根据"电气运行"日常主要工作、南方电网规范、培训基地"200 kV 实训变电站"及"110 kV 黄金变仿真操作系统"等实训条件编写而成,突出高技能应用型人才培养的特点,既可作为"发电厂及电力系统"专业及相近专业学生的专业教材,又可供发电厂或变电站运行人员阅读和参考。

本书从电气运行的任务及职业技能入手,以运行值班人员日常主要工作为主线,以教育部提出的"以应用为目的,以必需、够用为度"为原则组织编写。本书的特点是既有"电气运行"岗位所需的理论知识,又有该岗位所涉及的技能操作,并附有大量的现场操作实例,是一本集理论、实践为一体的教材。

全书共分五章,第一章为电气运行基本知识,第二章为电气设备监盘、运行维护与巡视,第三章为电气设备倒闸操作,第四章为电气设备异常运行处理,第五章为电气设备事故处理。

本书由贵州电网公司培训与评价中心高级讲师马慧担任主编,主持编写了第二章至第五章,高级讲师李仙琪主持编写了第一章,另外,刘峰参与编写了部分章节内容,并在收集资料、整理和图形处理等方面做了大量工作。

本书由贵州电网公司培训与评价中心电网系主任潘科担任主审,主审对全书进行了认真的审阅,并提出了许多宝贵意见,编者在此谨表谢意。书中部分章节的编写参考了有关文献及南方电网内部培训资料,在此对参考文献的原作者一并表示衷心的感谢!

由于编者水平和能力有限,加之编写时间仓促,书中难免有错误和不妥之处,敬请读者提出宝贵意见。

编　者

2014 年 7 月

目 录

第一章 电气运行基本知识 ... 1
- 第一节 电气运行的任务及日常主要工作 ... 1
- 第二节 电气运行的组织机构 ... 2
- 第三节 电力系统调度 ... 4
- 第四节 电气运行制度及岗位职责 ... 9
- 第五节 电气主接线的运行方式 ... 15
- 综合练习 ... 19

第二章 电气设备监盘、运行维护与巡视 ... 20
- 第一节 概　述 ... 20
- 第二节 电气设备监盘 ... 25
- 第三节 变压器运行维护与巡视 ... 27
- 第四节 断路器运行维护与巡视 ... 36
- 第五节 隔离开关运行维护与巡视 ... 39
- 第六节 互感器运行维护与巡视 ... 41
- 第七节 母线运行维护与巡视 ... 44
- 第八节 耦合电容、避雷器运行维护与巡视 ... 45
- 第九节 继电保护装置屏柜巡视检查 ... 47
- 第十节 线路、变压器间隔日常巡视流程 ... 49
- 综合练习 ... 51

第三章 电气设备倒闸操作 ... 52
- 第一节 概　述 ... 52
- 第二节 操作票执行 ... 62
- 第三节 倒闸操作基本程序及基本流程 ... 66
- 第四节 电气防误操作闭锁装置 ... 70
- 第五节 线路倒闸操作 ... 77
- 第六节 电压互感器倒闸操作 ... 83
- 第七节 母线倒闸操作 ... 84
- 第八节 变压器倒闸操作 ... 88
- 第九节 电容器及电抗器倒闸操作 ... 91
- 第十节 发电机倒闸操作 ... 93
- 综合练习 ... 103

第四章 电气设备异常运行处理 ··· 105
第一节 概　述 ··· 105
第二节 变压器异常运行处理 ··· 106
第三节 断路器异常运行处理 ··· 116
第四节 隔离开关异常运行处理 ··· 122
第五节 线路、母线异常运行处理 ··· 124
第六节 互感器异常运行处理 ··· 129
第七节 补偿装置异常运行处理 ··· 135
综合练习 ··· 136

第五章 电气设备事故处理 ··· 138
第一节 概　述 ··· 138
第二节 事故处理的原则、程序 ··· 140
第三节 线路事故处理 ··· 143
第四节 变压器事故处理 ··· 149
第五节 母线事故处理 ··· 156
第六节 电容器事故处理 ··· 160
第七节 站用系统事故处理 ··· 162
综合练习 ··· 165

附录一 贵州电力职业技术学院 220 kV 实训变电站 ··· 166

附录二 市北局 110 kV 黄金变电站 ··· 167

参考文献 ··· 170

第一章 电气运行基本知识

本章主要介绍电气运行的任务、日常主要工作，电气运行组织机构，电气运行制度及岗位职责，电力系统调度以及运行方式编制等方面的基本知识。重点是围绕电气运行日常主要工作，建立本课程知识与技能的框架，为今后从事电气运行工作打下良好的基础。

☞ 学习目标

1. 知识目标

（1）理解电气运行的概念，了解电气运行的任务及日常主要工作，建立本课程知识与技能的框架。

（2）了解电气运行组织机构的构成，了解电力系统调度的相关知识。

（3）理解电气运行相关运行制度，了解电气运行各岗位职责。

（4）理解运行方式的概念及分类，了解运行方式的编制原则。

2. 能力目标

会编制电气主接线的正常及非正常运行方式。

第一节 电气运行的任务及日常主要工作

电气运行是指发电厂、变电所、电力系统在电能的发、供、配、用过程中，运行值班人员对发供电设备进行监视、控制、操作和调节，使发供电设备正常运行，同时，对设备运行状态进行分析，在故障情况下，对事故进行处理，保证发电厂、变电所和电力系统安全、稳定、优质、经济运行。

一、电气运行职业核心能力

电气运行的职业核心能力就是发电厂、变电站、配电所电气运行值班能力。

二、电气运行的主要任务

电气运行工作的主要任务就是保证电力生产的安全运行和经济运行。

1. 保证电力生产的安全运行

电力生产的特点是发电、供电、用电同时完成。因为电能不能大规模储存，这种生产方式，决定了发、供电必须有极高的可靠性和连续性。随着电网大机组不断增多和电网规模的不断扩大，发、供电的可靠性就显得更加重要。如果一个电厂、一个变电所或一条联络线路发生事故，可以引起大面积停电，甚至造成整个电网瓦解，后果之严重是显而易见的。所以，运行值班人员一定要把安全生产放在第一位，保证电力生产的安全运行。

2. 保证电力生产的经济运行

在保证电力生产安全运行的前提下，应千方百计地搞好电力生产的经济运行。电力生产的经济运行应从多方面着手。供电部门应做好计划用电、节约用电和安全用电，加强电网管理，降低网损；发电部门应降低燃料消耗和厂用电率，尽可能地多发电，少耗电，降低每千瓦时电的生产成本。为此，各级生产人员和值班人员，应做好下列工作：

（1）采用合理的运行方式，使系统和设备安全、经济运行。

（2）保证检修质量，提高设备健康水平，使设备安全、经济、满发。

（3）贯彻执行各项规章制度，杜绝事故的发生，防止事故造成重大损失。

（4）正确迅速处理事故，及时排除异常工况，将事故影响控制到最小范围内。

（5）运行工作应做到"四勤"，即勤联系、勤调整、勤分析、勤检查。

（6）做好与运行有关的其他工作。如运行日志的填写，各项参数的计算，图纸、资料、备品、工具的管理等。

三、电气运行日常主要工作

电气运行日常主要工作主要有监盘、记录、电气设备巡视与维护、电气设备倒闸操作、电气设备异常运行及事故处理等。

四、本课程主要内容

本课程以电气运行职业核心能力为指导，以解决电气运行实际工作问题为目的，围绕电气运行日常主要工作，介绍电气运行基本知识，电气设备监盘、巡视与维护，电气设备倒闸操作，电气设备异常运行与事故处理这四个方面的知识与技能。

第二节　电气运行的组织机构

由于电力系统是一个有机的整体，系统中任何一个主要设备运行工况的改变，都会影响整个电力系统，因此，电力系统必须建立统一的调度指挥系统。

一、调度指挥系统

电网调度指挥系统由电网各级调度机构及发电厂、变电所运行值班单位(含变电所控制中心)组成。电网的运行由电网调度机构统一调度。

我国《电网调度管理条例》规定,调度机构调度管辖范围内的发电厂、变电所的运行值班单位,必须服从该级调度机构的调度,下级调度机构必须服从上级调度机构的调度。

调度机构的调度员在其值班时间内,是系统运行工作技术上的领导人,负责系统内的运行操作和事故处理、直接对下属调度机构的调度员、发电厂的值长、变电所的值班长发布调度命令。

值长在其值班时间内,是全厂运行工作技术上的领导人,负责接受上级调度的命令,指挥全厂的运行操作、事故处理和调度技术管理,直接对下属值班长、机长发布调度命令。

变电所的值班长在其值班时间内,负责接受上级调度的命令,指挥全变电所的正常运行和事故处理。

二、电网调度机构

各级电网均设有电网调度机构。电网调度机构是电网运行的组织、指挥、指导和协调的机构,负责电网的运行。各级调度机构分别由本级电网管理部门直接领导,它既是生产运行单位,又是电网管理部门的职能机构,代表本级电网管理部门在电网运行中行使调度权。

电网调度机构(或称电网调度管理机构)是随电网的发展逐步健全的。目前,我国的电网调度机构是五级调度管理模式,即国调、网调、省调、地调、县调。

第一级:国调,即国家调度中心,设在国家电力总公司(原电力工业部)国家电力调度通信中心,是全国最高调度指挥中心,在调度业务上是全国最高领导机构。它直接调度管理各跨省电网和各省级独立电网,并对跨大区域联络线及相应变电所和起联网作用的大型发电厂实施运行和操作管理。

第二级:网调,是跨省电网电力集团公司设立的调度局的简称,它负责区域性电网内各省间电网的联络线及大容量水、火电骨干电厂的直接调度管理。

第三级:省调,是各省、自治区、直辖市电力公司设立的电网中心调度所的简称。省调负责本省电网的运行管理,直接调度并入省网的大、中型水、火电厂和220 kV及以上的网络。

第四级:地调,是省辖市级供电公司设立的调度所的简称。负责供电公司供电范围内的网络和大中城市主要供电负荷的管理,兼管地方电厂及企业自备电厂的并网运行。

第五级:县调,是县级电网的调度指挥机构。负责本县城乡供配电网络及负荷的调度管理。

上述多级调度机构从上到下,在调度业务上是上下级的关系,下级调度必须服从上级调度的领导和指挥。

三、发电厂、变电所运行值班单位

目前,发电厂、变电所运行值班实行"四值三倒"或"五值四倒",实行8 h或6 h轮换值班制度。无人值班的变电所,由变电所控制中心值班人员监控。发电厂、变电所运行值班的每一个值(或变电所控制中心的每一个值)称为运行值班单位。

采用主控制室方式的发电厂,其运行值班单位由值长、电气值班长、汽轮机值班长、锅炉值班长、燃料值班长、化学值班长及各班值班员组成。

电气值班长下设主值班员、副值班员、厂用电工、副厂用电工等。

集控方式的发电厂一台机组设置一个机长,机长下设锅炉主控、副控和辅机值班员;汽机主控、副控和辅机值班员;电气主控、副控和电气巡视员等。

变电所的运行值班单位由值班长、主值班员、副值班员、值班助手等组成。

变电所控制中心监视、控制多个无人值班变电所。

第三节　电力系统调度

一、概　述

1. 统一调度的必要性

电能的普遍使用,必须以电力工业的大发展为前提。现代社会中,电力工业作为基础产业,对国民经济起着支撑作用;作为公用事业,它服务于国民经济各行各业,服务于千家万户。当今世界,各国发展电力工业的一个共同规律就是发展现代电网。现代电网是电力工业服务于各部门、服务于千家万户的物质形式,它是由发电、供电、用电以及电网调度所需的技术设施共同连接而成,它是联系紧密、结构复杂、层次分明的系统工程。它把许多发电厂与成千上万用户在广泛的地域内紧密联系在一起,使得电能的生产、输送和使用在其中连续不断地进行。

现代电网的发展越来越大,它不仅冲破了市界、省界,而且冲破了国界,构成跨国的大电网。因为大电网能够合理利用动力资源,减少电力建设投资,提高电网运行的安全水平和电能质量,具有明显的优越性。但是,电网越大技术就越复杂,要求的自动化水平就越高,对生产过程的管理也就越严格。由于电能的生产、输送和使用是瞬间同时完成的,中间没有储存环节,所以发电厂的出力必须随时进行调整,才能和不断变化的用电负荷保持平衡,电能质量指标中的电压、频率才能保持在规定范围内。现代电网一旦发生事故,其传播之迅速,影响之大,后果之严重,都是其他行业的事故所不能比拟的。因此,保证现代电网安全、可靠、优质、经济运行,一旦发生事故,能正确、及时处理,把事故控制在最小范围内,是现代电网必须实行统一调度管理的根本原因。统一调度是现代电网管理的客观规律,必须要运用技术的、经济的、法律的和行政的手段来保证统一调度,否则就会影响现代电网优越性的发挥,甚至会危及现代电网本身的安全和经济运行,给用户和社会带来灾难。

2. 调度管理的基本原则

如前所述,确保现代电网的安全、可靠、优质、经济运行,对保障国民经济持续、稳定和协调发展具有十分重大的意义。要做到这一点,必须加强现代电网的调度管理,实行统一调度、分级管理、各负其责的调度管理基本原则,按照计划用电的原则,维护电力系统整体利益和保护有关单位合法权益相结合的原则，调度值班人员在履行职责上受法律保护的原则，调度命令具有强制力的原则等。

所谓统一调度，就是指根据电能生产的特点，电网必须要有一个调度机构来统一组织编制和实施全电网的运行方式。包括统一安排发电、用电的短期计划，安排主要发、供电设备的检修，部署全电网安全稳定和继电保护设施等；统一指挥现代电网的操作和事故处理；统一部署和指挥发电厂的功率调整以适应电网高峰、低谷负荷的变化；统一指挥现代电网的频率调整和电压调整；统一指导全网调度自动化和电力专用通信设备的运行；统一协调水力发电厂水库蓄水的合理使用，以及计划用电的实施、监控等其他涉及现代电网运行的重大事宜。这个调度机构就是对全系统的安全、可靠、优质、经济运行负责的现代电网最高一级的调度机构。

调度系统包括各级调度机构和电网内的发电厂、变电站的运行值班单位。现代电网是依电压等级分层、依行政区划分的一个巨型复杂系统。统一调度要有较高的效率，电网最高一级调度机构不能包揽一切，必须分级管理，实行在电网最高一级调度机构领导下的各级调度机构的分级负责制，发挥各级调度机构的主动性和积极性，在规定的调度管理范围内，具体落实统一调度的各项要求，自主地处理职责范围内的调度管理事宜。

统一调度、分级管理、各负其责是一个不可分割的整体。统一调度是分级管理基础上的统一调度；分级管理是统一调度下的分级管理；各负其责是在统一调度下各级管理责任明确、任务衔接，确保命令畅通。统一调度、分级管理、各负其责作为一个原则通常只简单称为统一调度。统一调度不仅是电能生产特点的要求，也是发挥现代大电网优越性的必然要求。

3. 调度机构的划分

目前，我国电网实行五级调度机构，即国调、网调、省调、地调、县调。

4. 调度的基本任务

电力系统运行调度是指电网调度机构为保障电网的安全、优质、经济运行，对电网运行进行组织、指挥、指导和协调的机构。运行调度在系统运行工作的主要任务是按照上级生产调度计划的要求和本系统设备的具体情况，对本身所辖生产系统进行有效的指挥、监督和控制，并通过各种信息的收集和处理，积极预防失调和故障的发生，使生产全过程各个环节协调一致，保证安全、经济、文明地生产。

电力调度是电力系统的运行指挥机构，它既是生产单位，又是其主管公司的职能机构。在其管辖的专业方面，上级调度要对各发电厂和供电单位负责业务指导和监督。电力系统的值班调度员，在其值班期间，是全系统运行操作上的指挥员，所有接入系统的发供电（热）设备均由值班调度管辖，未经其许可，不得从运行或备用中停下来，必须由值班调度员对发电厂值长、变电站值班长发布命令，然后才能根据命令执行操作，使设备改变其工作状态（当然对人员或设备安全有威胁者可先解除威胁，然后汇报调度）。

二、调度工作的基本原则和日常工作

1. 调度工作的基本原则

电力生产具有产、供、用紧密相连，互相影响不可分割的特点，为保证电网安全可靠和经济运行，实现全网的经营目标，为此，运行调度必须遵循以下工作原则。

（1）绝对服从的原则。

由发电、输电、变电、配电、用电组成的电力系统，是一个不可分割的有机整体。电力生产、供应和使用的同时性，决定了电力生产各单位之间的相互影响和相互依存的密切关系。为保持电网功率、能量平衡和供电质量，各公司（厂）运行人员必须以服从全网需要为准则，绝对服从调度管理，坚决贯彻执行上级调度的安排与要求，不能以任何借口不执行调度的命令。

（2）安全第一的原则。

电力生产不安全，供电不可靠，会给国民经济的发展和社会的正常生活造成影响和损失，有的甚至造成严重的破坏。因此，运行调度必须始终坚持"安全第一、预防为主"的电力生产方针，从运行方式到组织、技术措施的方方面面提高安全可靠性，确保电力供应充足及时，安全可靠。

（3）计划性原则。

保持电网功率和能量平衡是调度工作的一项重要生产技术指标，具有明显的计划性。各级调度工作必须遵循计划的原则，无论机组和系统的解列、并列时间，还是综合出力的高低，都要严格按计划规定执行。

（4）准确性原则。

准确无误，是运行调度必须遵循的行为准则。调度工作从命令的发布到接受，操作的实施以及信息的流通，都必须做到严肃认真，准确无误。

（5）局部利益服从全局利益的原则。

树立全局观点是搞好运行调度的重要思想基础。最大限度地提高全网经济效益是全网各单位的共同职责和奋斗目标，因此，各级调度工作都要严格按照电网经济调度方案的规定进行生产安排，不能片面强调局部利益而损害全网效益的提高。

（6）及时性原则。

电能不能储存，电力生产、供应、销售和使用在瞬间同时进行，决定了运行调度必须具备强烈的时间观念和鲜明的及时性，尤其是对出力的调整和开关的拉合等时限性较强的工作，一定要做到及时快捷。

（7）经济性原则。

火力发电厂既是能源生产单位，又是消耗一次能源的大户。其本身能源利用的状况，不仅直接影响自身的发电成本，还关系到国家能源的配置与平衡，因此，运行调度要切实做好经济调度工作，最大限度地合理、节约利用资源，努力做到多发少用。

（8）保护环境的原则。

运行调度要有环境保护意识，努力避免和减少废渣、废气、废水、噪声等对环境的污染。例如，选择和确定机组的启动、停止时，要考虑其对现场文明生产的影响；计划内向空排汽要在时间安排上考虑噪声对居民生活的干扰等。

2. 调度的日常工作

值班调度员在对电力系统进行实时控制时，除依靠本身的专业知识、运行经验和业务技能外，还要依据事先编制好的运行方式、生产计划和各种技术规定。电力系统调度的日常工作有以下几个方面。

（1）编制电力系统年、季、月、日运行方式。

编制运行方式一般应包括以下几方面：

① 根据有关部门提供的负荷预测、新设备投产日期、发电设备可调出力以及设备检修进度表，编制季、月、日的有功、无功电力电量平衡表；

② 编制机组、设备、线路检修进度表；

③ 系统最高负荷时的电压水平及编制中枢点电压曲线；

④ 系统各点短路容量表；

⑤ 按频率减负荷整定方案和紧急拉闸顺序表；

⑥ 电力系统的正常运行接线方式，包括防雷运行方式；

⑦ 各发电厂间的经济负荷分配表。

在编制系统运行方式时，还应把编制过程中发现的问题和改进意见提交给发/供电企业领导，以便改造系统、改进工作。

（2）指挥本系统内的运行操作和事故及异常情况处理。

电力系统调度员是运行操作上的指挥员，也是事故及异常情况处理的指挥员，它不同于行政领导那样包罗万象，样样都要管，但他对运行或备用中的设备拥有独特的指挥权，即使是行政领导，也不能直接干预其指挥。所以电力调度的特点，是高度集中、高度统一。在调度术语中，找不到研究、商量之类的字眼，因为电力系统中的运行操作，每一步都是严格按照规定和科学规律进行的。即使是事故处理，也要严格按照一定的事故处理办法进行，否则就有可能造成扩大事故或贻误事故处理时间。

电力系统的操作包括倒换母线操作、并列和解列操作、停电和送电操作，合环和解环操作，还包括调整频率和调整电压的操作，更改继电保护定位的操作等。所有这些操作，都会或多或少地给电力系统带来影响。因此在操作前后，值班调度员均应充分考虑操作前后的系统运行方式、操作过程中的潮流、频率和电压的变化，短路容量和系统稳定的变化，中性点接地方式和设备限额情况，继电保护和自动装置的适应性等。每一步操作，每一个调度命令都要严格地执行"预发、发令、复诵、汇报"制度，严格地填写操作票，严格地执行监护制度和使用调度术语，即使是事故处理，虽然可以不填写操作票，但也必须严格地执行发令、复诵、汇报、记录和录音制度。

调度人员不仅要严格执行一般事故处理原则，而且要掌握每一专项事故处理的原则和方法，这是调度操作管理和事故处理中极为重要的部分，调度人员在上岗前必须熟悉和掌握，并且在见习和实习中得到锻炼和提高，经过考核合格后，才能单独上岗。

（3）对本系统内设备的检修进行统一管理。

设备检修的调度管理，也是调度管理中的一项主要工作，可以说没有正常的设备检修的调度管理，就没有相应的发、供电企业内的良好的生产工作秩序。往往是停电检修计划确定了，全企业的很多工作才能相应确定。这是因为发、供电设备停电检修，一方面将影响系统的能量平衡，而且还涉及系统的运行方式变化。另一方面设备检修，可能停止向一些用户的供电，因而影响了停电用户的正常工作秩序和生活秩序。所以搞好检修调度管理具有双重的意义。

设备检修调度管理包括编制年度、季度和月度的检修计划进度表、申报和审批手续；月度停电平衡会、停电设备申请制度，以及申报和审批时限规定。还包括设备带电检修需要向调度部门提出计划工作时间、内容和对调度部门的要求等。

总之，调度检修管理是和发、供电企业管理直接有关的管理工作，企业内部的一些矛盾往往会通过检修反映到调度部门。因此，企业管理加强了，也就相应地加强了调度检修管理，两者既有主从的一面，又有相辅相成、相互促进的一面。

（4）对本系统实行无功电压的调度管理。

电压水平是电能质量的主要标志之一，调度部门对电压质量负有监视和指挥职能。调度部门在编制有功负荷曲线的同时，也应安排无功电源的运行方式，编制监视点的电压曲线，根据系统电压偏移范围，有权采取调压措施。如调整发电机或调相机的无功出力，切、投变电站的电容器组，调整有载调压变压器的分头，以及改变系统运行方式等。调度部门还必须负责对电压监视点电压质量进行监测和考核。定期分析系统潮流、电压、无功变化情况，发现问题并及时提出改进意见。

（5）负责本系统的继电保护和自动装置的整定和定值管理。

继电保护和自动装置是保证系统安全运行和保护电力设备安全的重要装置。因此，保证继电保护和自动装置的正常运行和采用正确的整定值是十分重要的，它直接关系到一次设备的安全运行。如果继电保护和自动装置使用不当，出现拒动作或误动作，都将会造成事故，损坏电力设备，甚至引起系统瓦解。所以主系统、主设备、主保护这三者是融为一体的，虽有主从，但同样重要。

运行中的继电保护和自动装置的停用和启用、整定值的变更都由调度部门直接掌握，任何行政领导不得直接干预。其定值整定由调度部门继电保护专职人员统一管理。

（6）参加新设备启动试验方案的拟订。

电力系统中，经常有新设备通过计划、设计和新建、扩建或改建，最终要投入系统运行。在新设备投入时，具有一系列的条件，如施工竣工，测量设备参数，提供竣工图。调度方面要对新设备进行命名和编号，制订启动投运方案，然后由调度发令接入系统，这些竣工后和投运前的工作，在调度管理方面统称为生产准备工作。

（7）参与审查本系统的中长远规划并提出意见。

调度部门是站在电力系统第一线的尖兵，对电力系统运行的安全可靠性和经济合理性最有发言权。因此发、供电企业计划部门编制的中、长远期规划应该主动听取调度部门的意见，使之更适应系统需要。

（8）负责通信、远动自动化设备的运行检修管理。

通信是实行电力调度的工具，是调度人员的耳目和喉舌，远动自动化又是实现调度手段现代化的重要途径。因此，通信工作和远动自动化工作在现代化调度管理中占有十分重要的地位和作用。在做好日常通信和远动自动化管理的同时，还要抓好其发展规划工作。

（9）提出改进系统经济运行的措施，并实行经济调度。

所有提高经济效益（省煤节电、降低线损）的措施最终都要在发/供电过程中贯彻实施，调度部门是第一线的生产部门，而经济调度又是调度部门的重要职责，因此如何提高发、供电企业的经济效益，反映在调度方面就是努力提高机组的效率、降低供电线损、执行最佳运行方式、实行经济调度。

第四节　电气运行制度及岗位职责

发电厂、变电所根据生产的需要和长期运行的经验，制订了一系列符合现场实际的电气运行制度。电气运行现场制度是为了加强责任制，维持正常的生产秩序，保证安全生产，提高运行水平而制定的。各级运行值班人员，必须熟悉本单位的各种现场制度。电气运行最基本的制度就是"两票三制"，即工作票制度、操作票制度、交接班制度、巡回检查制度和设备的定期试验与切换制度。

一、两票三制

1. 工作票制度

凡在电气设备上的工作，应填用（填写和使用）工作票或按命令（口头或电话）执行，这就是工作票制度。工作票制度是保证检修人员在电气设备上安全工作的组织措施之一，它是为避免发生人身和设备事故，而必须履行的一种设备检修工作手续。

该制度介绍了工作票的种类，工作票的使用范围，工作票的申请手续，工作票的正确填用，工作票的责任人，工作票的终结手续和管理。

为了避免发生人身和设备事故，保证系统和设备的安全运行，运行值班人员应按照工作票的要求，进行停电倒闸操作，做好安全措施，然后由运行值班人员（工作许可人）与检修工作负责人共同办理工作票的开工手续。检修工作结束时，运行值班人员与检修工作负责人共同检查、验收被检修设备，并共同办理工作票的结束手续。

2. 操作票制度

凡是影响机组生产（包括无功）或改变电力系统运行方式的倒闸操作及机炉开、停等较复杂的操作项目，必须填写操作票，这就是操作票制度。操作票制度是防止误操作的重要组织措施。

该制度介绍了操作票使用的规定，填用操作票的要求，操作票的操作、监护和复诵，操作票的管理。

倒闸操作是一项复杂而又极为重要的工作，操作的正确与否直接关系到操作人员的人身安全和设备、系统的正常运行，因此必须严格执行操作票制度。违反操作票制度，其后果可能十分严重，如造成非同期并列，带负荷拉、合隔离开关、带电挂接地线及带地线合闸等误操作事故。所以，运行值班人员必须严格执行操作票制度。

3. 交接班制度

运行值班人员进行交班和接班时应遵照有关的规定和要求的制度，称为交接班制度。交接班制度是确保连续正常发供电的一项有力措施。

运行值班人员执行交接班制度，要做到接班时心中有数，交班时认真负责，班前要对生产任务进行必要的布置，班后要对生产工作进行总结。交接班制度的具体内容主要是：接班人员在接班前 20~30 min 到控制室听取交班班长对设备运行情况的介绍。然后各岗位人员按照规定的检查范围,到现场检查设备运行情况和检修设备的安全措施,并了解设备缺陷和消除情况。在接班前的碰头会上向班长汇报检查结果,并接受班长的命令和指示。最后各岗位人员进行各岗位交接班,并在交接记录本上签字,由接班班长下令接班。

4. 巡回检查制度

运行人员在值班期间,对有关电气设备及系统进行定时、定点、定专责进行全面检查的制度,称为巡回检查制度。通过巡回检查,可以及时发现设备缺陷和排除设备隐患,以便掌握设备的运行和健康状况,积累设备的有关资料。

本制度规定了巡回检查的要求、规定,巡视周期,巡视检查的基本方法。

巡回检查制度是减少事故和实现安全生产的重要手段之一。各级运行人员应做好设备的巡回检查工作,不断总结和丰富巡回检查的实践经验。

5. 设备的定期试验与切换制度

发电厂、变电所按规定对主要设备进行定期试验与切换运行的制度,称为设备的定期试验与切换制度。通过对设备的定期试验与切换运行,以保证设备的完好性,保证在运行设备故障时备用设备能真正起到备用作用。

本制度介绍了设备定期试验与切换的有关规定,设备定期试验与切换的项目及周期等。

二、运行分析制度

运行分析是运行管理的主要工作,是保证安全、经济生产的重要环节。为了不断掌握生产规律,积累运行经验,提高运行管理水平,必须经常对设备的运行、操作、异常情况以及人员执行规章制度的情况等进行科学、细致和全面地分析。通过运行分析,找出薄弱环节,及时发现问题,有针对性地制定防范措施,保证设备和系统的安全、经济运行。

本制度介绍了运行分析的内容和运行分析的方法。各级生产人员应认真做好运行分析工作。

1. 运行分析的基础

运行分析的基础是运行数据和异常情况的记录。

(1)作好运行分析是一项细致的、经常性的工作。它要求值班人员监盘时精神集中,精心监视,精心调整,认真监视各种仪表、信号指示的变化,按时准确抄表记录,认真进行巡回检查,及时把监盘、巡回检查观察到的情况及异常运行情况进行综合分析,然后及时进行操作、调整,严格控制设备的各种参数。

(2)认真正确填写各种值班记录和运行日志,特别是事故情况下各种仪表、信号反映的现象,处理过程。要求实事求是、认真记录,以便事故的调查分析。

(3)投用各种记录仪表。要求各种记录仪表(包括巡视打印)随同主设备投入使用。记录仪表纸应有专人负责保管、备查。

(4)绘制有关设备的特性曲线,为运行经济调度提供技术依据。

2. 运行分析的方法

运行分析的方法有多种,常用的主要有对比分析法、动态分析法和多元分析法三种。

(1)对比分析法。

对比分析就是同类现象在不同条件下的数量比较。一般常用于单项指标数据的分析。例如，调整操作前后的对比，设备检修和异动前后的对比，同一时期、同类设备或相同工况的对比，分析其实际完成数值和计划任务数值或历史同期数值的对比，分析其实际完成数值和规程、铭牌规定数值的对比。

(2)动态分析法。

动态分析法就是按照生产工艺流程，对相关指标数列排队、计算，以分析不同的变化趋势和变化程度的方法。例如，分析汽轮机调验工况曲线，只要分析相关的机组负荷、蒸汽流量、调整气压、各段加汽压力以及调整差压等参数的变化，就能作出正规的判断。

(3)多元分析法。

这种方法是指某种现象受多种因素影响时，按其内在联系和一定顺序，分析各个因素变动对该现象影响程度的方法。例如，运行安全生产是由各方面的因素决定的，是企业各项工作的综合反映。发生事故、障碍或异常情况，分析原因总结经验教训时，就不能只看运行工作的不足，而要对规章制度、操作处理、设备管理以及人员素质等各方面，进行认真详尽的分析，才能全面的接受教训，改进工作。

3. 运行分析的种类

运行分析大体可分为岗位分析、定期分析和专题分析三种。各发、供电生产单位应依据本单位生产实际情况，制定本单位运行分析的内容和要求，并将其作为生产人员培训的内容。通过分析，不断提高运行人员的技术水平和分析、判断异常运行、事故处理方面的能力，实现安全生产。为此，运行班长在值班期间，应根据各运行岗位的汇报和设备、系统存在的薄弱环节，指挥各岗位运行人员进行分析，并采取措施保证设备正常运转，使电力系统发挥最大的经济效益。

三、其他制度

1. 设备缺陷管理制度

该制度是为了及时消除影响安全运行或威胁安全生产的设备缺陷，提高设备的完好率，保证安全生产的一项重要制度。

该制度规定了运行值班人员管辖的设备缺陷范围，发现设备缺陷的汇报、设备缺陷的登记和缺陷记录的主要内容等。

2. 运行管理制度

该制度包括做好备品（如熔断器、电刷等）、安全用具、图纸、资料、钥匙及测量仪表等的管理规定。

3. 运行维护制度

运行维护主要指对电刷、熔断器等部件的维护。发现其他设备缺陷，运行值班人员能处理的应及时处理，不能处理的由检修人员或协助检修人员进行处理，以保证设备处于良好的运行状态。

四、电气运行规程

发电厂、变电所根据现场实际,编制了设备的电气运行规程。电气运行规程包括发电机、变压器、电动机、配电装置、继电保护、自动装置等电气设备的运行规程。这些规程是电气设备安全运行的科学总结,反映了电气设备运行的客观规律,是保证发电厂、变电所安全生产的重要技术措施,是电气运行值班人员工作的基本依据,所有电气运行值班人员都应认真学习,正确执行这些规程。

各级调度机构也有相应的电网调度规程,它是调度人员进行电网正确调度的依据。各级调度人员也必须认真学习和正确执行本网调度规程。

五、值班日志和运行日志

1. 值班日志

为了使值班人员及时掌握设备的运行情况,了解设备运行的历史及积累资料,值班控制室一般设有交接班记录本、倒闸操作登记本、工作票登记本、设备变更记录本、设备绝缘登记本、继电保护和自动装置定值变更本、配电盘记事本、断路器事故遮断登记本、设备缺陷登记本、熔断器更换登记本、变压器分接头位置登记本、消弧线圈分接头位置登记本等。这些统称值班日志。

2. 运行日志

运行日志的记录是值班工作的动态文字反映,是整个运行工作中的一个重要内容。它能帮助值班人员掌握电气设备的运行参数,进行运行分析,发现设备的隐患,及时调整负荷和更改运行方式,从而保证生产任务的完成和降低消耗指标。运行值班人员应学会记录运行日志,计算有关的参数。

运行日志中的主要参数有如下几项:

(1)电量(kWh)。包括发电量、厂用电量、受电量(指发电厂与系统并列运行时,发电厂从系统接受的电量)、送出电量等。

(2)电力(kW)。主要有发电电力、受电电力、送出电力、厂用电力、最大负荷和最小负荷。

(3)几项指标。主要有厂用电率、负荷率、煤耗率、给水泵用电单耗、循环水用电单耗、制粉用电单耗、锅炉风机用电单耗等。

(4)主要设备的电流、温度和各母线的电压。

六、岗位职责

1. 电网调度员的职责

由于各级电网调度机构管辖的范围不同,故各级调度机构的调度员在值班时间内的职责也各有所异。他们共同的职责是:

（1）负责指挥电网调度管辖范围内设备的运行、操作及电网事故的处理；

（2）负责电网运行方式的编制和执行；

（3）负责电网的安全、优质、经济运行，按计划发、供电，监督发、供电计划及网供曲线计划执行情况，在值班时间内，对电网运行进行统一调度；

（4）负责指挥电网调频、调峰及电网管辖范围内中枢点电压的调整，控制联络线的潮流；

（5）负责电网通信网络、继电保护和自动化系统规划的实施，并负责运行管理和技术管理；

（6）根据生产技术部门提供的主要发、供电设备检修项目、工期，受理并批准设备检修申请；

（7）负责指挥调度管辖范围内的新建或改建设备的并网，参与组织本网新工程、新设备投产的有关接入系统的调试；

（8）负责水库调度工作，根据水库调度方案，协调本网水电厂发电与防洪、灌溉、城市供水等方面的关系。

2．值长的职责

（1）值长在其值班时间内是全厂运行操作、调度技术管理的总领导人，对安全、经济运行和完成生产任务负责。

（2）认真贯彻执行国家和上级的安全生产方针、政策、法令和指标。执行厂部的各项安全规章制度、措施和决定，严格执行调度纪律。

（3）值长在接班后召开的运行班长电话会中，应向班长交代设备运行、备用、检修情况和本值中要注意的安全生产有关事项及事故预想。

（4）在值班时间内发生事故时，值长应立即按事故处理规程指挥运行人员进行处理，及时向厂领导汇报事故处理情况。

（5）发现违反安全规程及安全措施的操作或违反劳动纪律而又不听劝阻者，值长有权停止其工作。

（6）严格贯彻执行工作票制度。接到工作票、操作票时，要认真检查工作任务和安全措施，检查"两票"合格情况，无误后方可签发执行。

（7）发生事故、障碍、异常、人身伤亡等情况应首先通知有关部门，检查现场，参加或召开分析会，并做好记录。

（8）对上级或调度员的命令有违反设备和系统安全时，可向其说明，如命令明显危害人身和设备安全时，可拒绝执行，事后向有关部门报告。

（9）经常教育本值内的所有值班人员注意安全。开展安全教育活动，讨论分析运行中存在的不安全问题。对不安全因素和问题，有权提出改进意见和措施，以保证机组安全运行。

3．值班长职责

（1）值班长在当值值班时间内，是全厂（站）电气设备运行、维护的负责人，对设备的合理、安全、经济运行负有领导和指挥责任。

（2）认真执行有关安全生产的各项规章制度，严格贯彻"两票三制"。

（3）在值班时间内发生事故时，领导全班运行值班人员迅速、正确处理事故，并及时向上级值班负责人汇报事故处理情况。

（4）经常教育本班值班人员注意安全，组织学习有关规程及安全规程。对事故分析要做到"三不放过"（事故原因不清不放过、事故责任者和应受教育者没受到教育不放过、没有采取防范措施不放过）。

（5）组织本班值班人员的业务学习，制订培训计划，开展岗位练兵、岗位培训。组织反事故演习、技术问答、事故预想等多种练功活动。

（6）填写好当值的运行日志。

4. 值班人员的职责

（1）值班人员在接班前 30 min 到交接班室，听取交班值班长对本值设备、系统运行情况的介绍，然后按专责到现场检查设备及系统运行情况，并在接班前的接班会上将检查情况向值班长（机长）汇报，并接受值班长布置工作。

（2）在值班时间内，抄录有关设备（如发电机、变压器、线路……）表计的数值。

（3）监盘及调节。监视运行设备的表计指示是否正常，根据表计指示调整设备的运行参数，使参数值在规定范围内；监视表计异常变动情况，遇有不正常情况，应及时报告给值班长，并严密监视，保证安全运行。

（4）在值班长（机长）的指挥下，按规定和要求，进行发电、变电、配电的倒闸操作。

（5）发生事故时，应迅速、正确处理事故。

（6）为检修人员办理工作票的开工和结束手续。

（7）巡视检查设备。按规定的巡视检查设备的周期和路线，对运行设备进行巡视检查。对发现的缺陷及异常，应查明原因并汇报给值班长。能处理的及时处理，不能处理的应记入缺陷记录簿和异常记录簿内。

（8）做好备品、安全用具、图纸、资料及测量仪表的保管工作。

（9）在交班前 30 min，做好运行日志的记录及清洁工作。

（10）交班时，向接班人员交代本班（本专区）设备运行情况、主要安全措施的布置、设备缺陷、异常情况及安全注意事项。

（11）做好定期测量、定期切换、定期试验、定期检查工作。如发电机、变压器定期测绝缘电阻，备用电源自动投入装置定期做联动试验等。

（12）电气设备检修后的验收。电气设备检修后和移交运行前，运行值班人员应根据检修记录到现场进行验收，验收项目按现场规定执行。

运行班组工作的特点是一人一岗，轮值生产，每一岗位值班人员都必须能独当一面地完成运行操作任务，能独立进行本岗位的处理，运行工作稍有失误即会造成重大损失。因此，运行班组每一岗位值班成员必须有高度责任心，在具备"三熟"、"三能"的基础上（"三熟"：熟悉设备和系统构造、性能；熟悉本岗位操作规程；熟悉本岗位制度。"三能"：能正确分析设备运行情况；能及时发现和排除故障；能掌握一般维修技能。），对有关规程、制度、命令严格执行，一丝不苟。

第五节 电气主接线的运行方式

一、运行方式的概念

电气主接线有多种典型接线形式，它们都有相应的运行方式。所谓运行方式，是指电气主接线中各电气元件所处的工作状态（运行、热备用、冷备用、检修）及其相连接的方式。运行方式分为正常运行方式和非正常运行方式。

正常运行方式是指正常情况下，全部设备投入运行时，电气主接线经常采用的运行方式。电气主接线的正常运行方式包含两个方面，其一，母线及其接线的运行方式；其二，系统中性点的运行方式。电气主接线正常运行方式一经确定，其母线接线的运行方式、发电机和变压器中性点的运行方式也随之确定，且继电保护和自动装置的投入也随之确定。电气主接线的正常运行方式只有一种，各厂（站）电气主接线正常运行方式一经确定，任何人不得随意改变。

非正常运行方式是指在事故处理、设备故障或检修时，电气主接线所采用的运行方式。由于事故处理、设备故障和设备检修的随机性，发电厂、变电站电气主接线的非正常运行方式有多种。

二、正常运行方式编制的原则

运行方式直接影响发电厂、变电站及电力系统的安全和经济运行，各发电厂、变电站均应安排本厂、站电气主接线的正常和非正常运行方式，并编入本厂、站电气运行规程中。编制电气主接线的运行方式时，应遵守以下原则。

1. 保证厂用电的可靠性和经济性

为了保证厂用电供电可靠，厂用工作变压器和厂用备用变压器应引接在不同电源母线上。对于发电机变压器组单元接线，高压工作厂用变压器引接在主变压器的低压侧，而高压备用变压器（起备变）的引接，应与厂用电需要备用的发变组不在同一组母线上（如 220 kV 系统，厂用电需要备用的发变压器组接入某一母线，则高压备用变压器接入另一母线），以免母线故障时失去厂用电源。

2. 合理安排电源和负荷

合理安排电源和负荷，使潮流分布尽量均匀，并保证对重要用户的供电可靠性。在双母线接线中，电源（发电机、变压器、电网联络线）接入每组母线上的数量要相当，电源容量基本平分，双回联络线分开接入两组母线；负荷安排要合理，双回线路分开接入两组母线，使两组母线上的电源容量与负荷容量基本平衡，通过母联断路器的交换功率（即电流）为零或尽量小。

3. 变压器中性点接地满足要求

大电流接地系统中，电源变压器中性点的接地要分配合理，当电网需要本厂（站）的高压母线有两个接地中性点时，运行方式的安排应考虑电源变压器的中性点在每一组母线上均有一个接地中性点，而不应集中在同一组母线上。否则，一旦母联断路器跳闸，将会使其中一组母线失去接地中性点，从而影响电网零序保护的正确配合。如果电网只需要一个接地中性点，则无需对此专门考虑。

4. 运行方式便于记忆

各厂（站）不同电压等级的母线，电气元件的分配方法（包括设备编号及所在母线的位置）要有一定的规律性，便于运行人员掌握和记忆。

三、编制非正常运行方式时应考虑的原则

（1）两工作母线的双电源供电；
（2）系统变压器中性点在本厂接地数目保持不变；
（3）厂用工作电源和厂用备用电源来自不同的独立电源。

四、电气主接线运行方式实例

1. 电气主接线

某大型发电厂电气主接线如图1.1所示，发电机和变压器采用发—变组单元接线，分别接入 220 kV 和 500 kV 系统；220 kV 系统采用双母线带旁路接线，并设置专用旁路断路器 QFb；500 kV 系统采用 3/2 接线，用自耦变压器 T 作 220 kV 与 500 kV 系统间的联络变压器。自耦变压器 T 的低压绕组兼作厂用电的启动和备用电源。

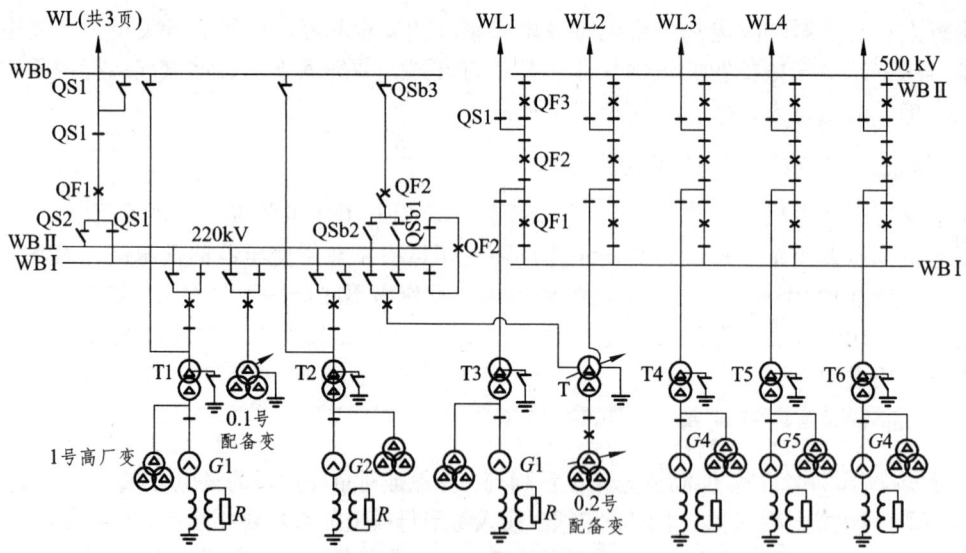

图 1.1 6×300 MW 电气主接线图及正常运行方式

2. 正常运行方式

如图1.1所示，该接线示出了6台300 MW机组电气主接线的正常运行方式。现分述如下。

1）220 kV 系统

（1）220 kV 母线及接线正常运行方式。

220 kV 母线 WBⅠ、WBⅡ 运行，母联断路器 QFc 及其两侧母联隔离开关均上，旁路断路器 QFb 及其两侧隔离开关均断开冷备用，旁路母线 WBb 冷备用，与 WBb 相连的所有引

出线及电源进线的旁路隔离开关 QSb 均断开备用;各电源进线和引出线与工作母线 WBⅠ、WBⅡ 按固定连接方式运行,即发变组 G1-T1、线路 WL1、WL3、WL5、WL7、联络变压器 T 的 220 kV 侧固定接入工作母线 WBⅠ 运行;发变组 G2-T2、线路 WL2、WL4、WL6、WL8 固定接入工作母线 WBⅡ 运行;各线路、各发变组、母线的继电保护按规定均投入。

在安排上述固定连接方式运行时,应尽量使电源进线和负荷出线按容量基本平分在两母线上,以使母联断路器 QFc 中流过的电流尽量小。

采用这种运行方式的优点是:① 引出线的双回线及 G1-T1、G2-T2 发变组各接一组母线,确保母线及引出线的双电源。② 每组母线上均有电源和引出线,可使出力与负荷基本平衡。母联断路器只流过较小的电流,减少了电能损耗。如遇母联断路器误跳闸,使系统潮流变化小,各机组仍可通过系统并联运行。③ 旁路母线正常处于断电备用状态,以减少正常运行时可能引起故障的范围(有的厂、站,将旁路母线正常处于充电状态,以保证旁路母线完好,随时可投入运行,缩短旁路断路器替代引出线断路器运行的操作时间)。

(2) 220 kV 系统中性点运行方式。电力系统中性点的运行方式系指系统中主变压器和发电机中性点的接地方式。

在 110 kV 及以上的大接地电流系统中,主变压器中性点均采用直接接地方式(自耦变压器中性点一般直接接地,普通变压器中性点经隔离开关接地)。但是,系统中的主变压器投入运行后,并不是所有主变压器的中性点均接地运行,系统中主变压器中性点的接地数目均按下列要求安排:① 在系统发生单相接地时,使系统非故障相工频过电压不超过该系统阀型避雷器的灭弧电压(中性点接地数目应使系统零序电抗与正序电抗之比 $X_0/X_1 < 3$)。② 使系统单相接地短路电流不超过三相短路电流。③ 保证该系统在任何故障形式下,都不应使电网解列成为中性点不接地的系统。

发电机电压系统为小接地电流系统,由于发电机定子绕组发生单相接地时,接地点流过的电流是发电机本身及其引出线回路所连接元件(主母线、厂用分支、主变压器低压绕组等)的对地电容电流之和,当接地电容电流超过允许值时,将烧伤定子铁芯,进而损坏定子绕组绝缘,引起匝间或相间短路,故需在发电机中性点采取限制接地电容电流的措施,即考虑发电机中性点采取什么样的接地方式,以保护发电机免遭损坏。发电机中性点的接地方式有:中性点不接地(单相接地电流不超过允许值,且中性点装设有避雷器,适用于 125 MW 及以下机组);中性点经消弧线圈接地(补偿后的接地电流小于 1 A,定子接地保护作用于信号,适用于 200 MW 及以上能带单相接地运行的机组);中性点经高电阻接地(中性点直接接入或经接地变压器接入高电阻,中性点接入高电阻后可限制过电压和限制接地电流不超过 10~15 A,但又不小于 3 A,定子接地保护作用于跳闸,适用于 200 MW 及以上大机组)。

由上述可知,220 kV 系统变压器、发电机中性点运行方式为:

① 变压器中性点运行方式:变压器 T1 的中性点不接地,其中性点接地隔离开关拉开,变压器 T2、01 号起备变的中性点接地,其中性点接地隔离开关合上(T1、T2、01 号起备变其中性点是否接地,由系统值班调度员决定)联络变压器 T 的 220 kV 侧中性点直接接地(T 为自耦变压器,220 kV 侧绕组为公共绕组,是 500 kV 绕组的一部分,高、中压绕组共用一个接地中性点)。

② 发电机中性点运行方式:发电机 G1、G2 中性点接地隔离开关均合上,发电机中性点经高电阻接地运行。

2）500 kV 系统

（1）500 kV 母线及接线正常运行方式。

500 kV 母线 WBⅠ、WBⅡ同时运行，线路 WL1、WL2、WL3、WL4 发变组 G3-T3、G4-T4、G5-T5、G6-T6，联络变压器 T 和 02 号起备变均运行，所有的断路器和隔离开关均合上。各线路、各发变组、母线的继电保护按规定均投入。

（2）500 kV 系统中性点运行方式。

500 kV 系统中，发电机、变压器中性点的运行方式为：① 变压器中性点运行方式。变压器 T3、T4、T5、T6 中，T4、T6 中性点接地，其中性点接地隔离开关合上，T3、T5 中性点不接地，其中性点接地隔离开关拉开（各变压器中性点的接地，由系统值班调度员决定），联络变压器 T 的 500 kV 侧中性点直接接地（与 T 的 220 kV 侧中性点共用同一接地中性点）。② 发电机中性点运行方式。发电机中性点经高电阻接地运行，G3、G4、G5、G6 的中性点接地隔离开关均合上。

3. 非正常运行方式

图 1.1 各电压等级接线的非正常运行方式如下。

1）220 kV 系统

（1）发变组 G2-T2（或 G1-T1）停电检修运行方式。

发变组 G2-T2 停电检修时，G2-T2 的高压侧断路器和隔离开关均断开，01 号起备变、联络变压器 T 的 220kV 侧均切换至 WBⅡ 母线运行，主变 T1 的中性点接地隔离开关合上，220 kV 两母线及其他各接线运行方式保持正常运行方式不变。按上述安排的方式运行时，可使 G1 机组的高压厂用备用电源来自 220 kV 的另一组母线 WBⅡ，满足了 G1 机组厂用工作电源和厂用备用电源来自不同的独立电源。在 220kV 任意一组母线发生故障时，避免该厂 220 kV 系统及 G1、G2 机组厂用电系统全停，同时，使 220 kV 系统变压器中性点在本厂接地数目保持不变，也保持了正常情况下 220 kV 两母线的双电源供电。

G1-T1 停电检修时，G1-T1 的高压侧断路器和隔离开关均断开，除 G1-T1 停止运行外，其他各电气元件和相互连接方式与正常运行方式相同（此时，联络变压器 T 向 220 kV 的 WBⅠ 母线供电，保持了两母线的双电源供电）。

（2）母线 WBⅠ（或 WBⅡ）停电检修运行方式。

母线 WBⅠ 停电检修时，WBⅠ 上的所有进、出线回路全部切换到 WBⅡ 母线上运行，即线路 WL1、WL3、WL5、WL7、G1-T1，01 号起备变及联络变压器 T 的 220 kV 侧均切换至 WBⅡ 上运行。WBⅡ 母线上的接线保持不变，母联断路器 QFc 及其两侧的隔离开关均断开，母线保护改投单母线运行方式，其他各保护与正常运行方式相同。同理，母线 WBⅡ 停电检修的运行方式与母线 WBⅠ 停电检修运行方式相似。

（3）旁路断路器代替线路断路器运行的运行方式。

当线路 WL1 的断路器 QF1 停电检修，而线路 WL1 不停电时，则需由旁路断路器 QFb 代替 QF1 运行，其运行方式是：由母线 WBⅠ 经母线隔离开关 QSb1、旁路断路器 QFb，旁路隔离开关 QSb3、旁路母线 WBb、线路 WL1 的旁路隔离开关 QSb、线路 WL1 继续向用户供电，220 kV 系统其他电气元件按正常运行方式不变。

（4）母联断路器串联故障断路器的运行方式。

当旁路断路器 QFb 停电检修，某回路断路器拒动，如断路器 QF1 拒动，则可用母联断路器 QFc 串联 QF1 运行。其运行方式是：除线路 WL1 外，其他所有引出线及电源进线均切换到 WBⅡ 母线上运行，让 WBⅠ 母线空出只接入线路 WL1，由母线 WBⅡ 经母联断路器 QFc 及其两侧隔离开关、母线 WBⅠ、母线隔离开关 QS1、断路器 QF1、线路隔离开关 QS3、线路 WL1 向用户供电。当线路 WL1 发生故障时，由 QFc 跳闸，切断线路 WL1 的故障。

除上述非正常运行方式外，还有其他非正常运行方式，这里不再讲述。

2）500 kV 系统

（1）母线停电检修的运行方式。WBⅡ 母线停电检修，将 WBⅡ 母线侧所有断路器及其两侧的隔离开关均断开，其他接线同正常运行方式。

（2）断路器停电检修时的运行方式。任何一台断路器停电检修时，可将断路器及其两侧的隔离开关断开，将断路器退出运行进行检修，其他同正常运行方式。

（3）线路停电备用运行方式。如线路 WL1 停电备用，允许采用下列几种运行方式：① 断开线路断路器 QF2、QF3，拉开线路隔离开关 QS1，其他同正常运行方式；② 只拉开线路隔离开关 QS1，其他同正常运行方式，即线路停电，而又不破坏断路器合环运行（或线路断路器成串运行），以提高供电可靠性；③ 只断开线路断路器 QF2、QF3，但不切断 QF2、QF3 的操作电源，其他同正常运行方式。

（4）部分断路器串停用的运行方式。QF1、QF2、QF3 串联则称为断路器串。500 kV 系统的部分断路器串停用时，运行的断路器串不得少于 2 串。运行的断路器及其进、出线同正常运行方式。

综合练习

1. 什么叫做电气运行？电气运行的主要任务是什么？
2. 电气运行的职业核心能力是什么？电气运行有哪些日常主要工作？
3. 简述电气运行的组织机构。
4. 简述统一调度的必要性。
5. 我国调度管理的基本原则是什么？
6. "两票三制"的基本内容是什么？
7. 电气运行分析的基础是什么？运行分析的主要方法有哪些？
8. 对电气运行人员"三熟"、"三能"的具体要求是什么？
9. 什么叫运行方式？运行方式分为哪几类？
10. 什么叫正常运行方式？什么叫非正常运行方式？
11. 简述安排正常运行方式时应遵守的原则。
12. 简述安排非正常运行方式时应考虑的原则。

第二章 电气设备监盘、运行维护与巡视

本章主要介绍电气设备监盘、巡视与维护工作的相关规定与方法。

☞ **学习目标**

1. 知识目标

(1) 了解电气设备监盘的作用、原则及内容。
(2) 了解电气设备巡视的目的、原则及流程。
(3) 掌握各主要电气设备的巡视项目、标准及方法。

2. 能力目标

会做设备巡视前的准备工作、巡视中的检查和维护工作、巡视后的记录归档工作,能够通过巡视判断设备的缺陷及异常。

第一节 概 述

一、变电站运行监视工作规范的内容

根据《110 kV 及以上变电站运行管理标准实施细则》规定,集控中心、监控中心和有人值班变电站必须制定"运行监视工作规范",应包含以下内容:

(1) 运行监视人员及监视时间安排;
(2) 运行监视主要项目及异常处理措施;
(3) 运行监视要求;
(4) 遥视系统监视要求。

二、设备巡视维护的目的

电力设备是电力系统的重要组成部分,电力设备的正常运行是保证变电站及电网能够安全可靠运行的关键所在。通过对电力设备的巡视检查及简单维护,可以了解其运行状况,及时发现缺陷或出现的异常情况,从而采取有效措施来防止事故的发生和扩大,以保证设备能够安全可靠的正常供电。

三、设备巡视的分类

设备巡视根据性质分为日常巡视、定期巡视和特殊巡视。

日常巡视应每天进行,并按照规定的内容、要求进行。日常巡视每天3次,即交接班巡视、高峰负荷巡视、夜间闭灯巡视。

定期巡视应按规定时间和要求进行。定期巡视是对设备进行较完整的巡视检查,巡视时间较长,巡视时要求做好详细的巡视记录。

特殊巡视是根据实际情况和规定的要求而增加的巡视次数。特殊巡视一般是有针对性的重点巡视,包含高峰高温巡视、天气突变巡视、重点设备巡视、薄弱设备巡视等。

四、巡视设备的原则

（1）"设备巡视工作规范"明确规定了设备巡视时间、巡视方式及巡视要求。

有人值班变电站日常巡视每日1次,夜间巡视宜每周1次。

无人值班变电站日常巡视每月1~2次,夜间巡视宜每月1次。

雷雨天巡视室外高压设备时,应穿绝缘靴,并不得靠近避雷器和避雷针。

（2）设备巡视应遵循"正常运行按时查,高峰、高温重点查,运行条件突变及时查,重点设备专项查,薄弱设备仔细查"的原则。

正常运行按日常巡视周期及要求进行。

高峰高温、天气突变、重点设备、薄弱设备的巡视属于特殊巡视。

① 在高峰负荷（额定负荷90%以上）和高气温（35℃以上）时段,应加强对设备负荷和运行温度的监视,必要时进行现场测温或巡查。

② 暴雨前后,大风、大雪、大雾、凝冻等天气应及时检查户外设备和环境状况。

③ 对供电时期的重要供电设备应作专项检查。

④ 存在缺陷的设备作为薄弱设备应根据情况进行不定期检查。

五、设备巡视检查的方法

（1）目测检查法：用眼睛来检查看得见的设备部位,通过设备外观的变化来发现异常情况。

（2）听判断法：用耳朵或借助听音器械,判断设备运行时发出的声音是否正常,有无异常声音,如放电、机械摩擦、振动、高频啸叫等。

（3）嗅判断法：用鼻子辨别是否有电气设备绝缘材料过热时产生的特殊气味。

（4）触试检查法：用手触试设备的非带电部分（如变压器的外壳、电动机的外壳）,检查设备的温度是否有异常升高。

（5）仪器检测法：借助测温仪定期对设备进行检查（如红外检查技术）,是发现设备过热最有效的方法,目前使用较广。

六、设备巡视后所需记录

1. 运行工作记录（见表2.1）

表2.1 运行工作记录

年　月　日　　星期　　　天气

值班负责人		值班员	
时	分	内　　容	
交接班时间		年　月　日　时　分	
交班负责长		交班人员	
接班负责长		接班人员	

填写说明：

按时间顺序记录本值工作内容，记录内容及要求如下：

（1）本值中受理的调度指令、设备检修、预试、校验等有关工作内容（工作票号，工作负责人姓名，工作内容，设备验收情况，设备能否投运的结论，遗留缺陷及运行中注意事项）。

（2）本值中进行的设备停送电操作，有关安全措施的布置情况（接地线装设位置编号，已合上的接地刀闸）。

（3）事故发生的时间、原因，断路器及自动装置动作情况，事故处理经过。

（4）巡视中发现的缺陷，隐患汇报及处理情况。

（5）调度和上级有关通知。

（6）交接班内容。

（7）每一项内容均要另起一行。

（8）"交接班时间"：由接班人员填写，既是上一个班值班结束时间，也是本班值班起始时间。

（9）交接班签全名，不得他人代签或不签。

2. 设备缺陷记录（见表 2.2）

表 2.2 设备缺陷记录

年	月	日	发现人	缺陷类别	缺陷内容	汇报何人	消缺时间	缺陷原因及遗留情况	消缺人	验收人

填写说明：

（1）运行人员、检修人员或领导检查工作中发现的缺陷均应由值班员准确、清楚记入本记录。

（2）记录缺陷时应使用双重命名准确记录设备及部件名称、部位，损坏程度、性质等。

（3）缺陷消除后，消缺人应作造成缺陷的原因等相关说明；若有遗留缺陷应详细填写，该条缺陷予以消除，将未处理的遗留缺陷作为新缺陷重新填写。消缺人和验收人确认无误后分别签名。

（4）自行消除的缺陷由值班负责人填写并在消缺时间栏作说明。

（5）"缺陷类别"栏填写"紧急"、"重大"、"一般"。

3. 避雷器动作数据记录（见表2.3）

表2.3 避雷器动作数据记录

避雷器名称： 　　避雷器型号： 　　投产日期： 年 月 日

日期			动作原因	A相			B相			C相			天气	气温	记录人
年	月	日		指示数	泄漏电流	年累计	指示数	泄漏电流	年累计	指示数	泄漏电流	年累计			

填写说明：

（1）使用前应根据全站所有避雷器安装位置及名称数量将该记录分为若干部分，每组避雷器为一个单元，并编制目录。

（2）每月进行一次例行检查，并记录计数器动作次数、泄漏电流和年累计次数。

（3）计数器校验复零后应在"动作原因"栏填写"校验"以作说明，且不影响年累计数的叠加。

（4）"动作原因"应填写雷雨或内部过电压、预试。

（5）"年累计数"始于本年1月1日，止于当年12月31日。

七、设备巡视时的注意事项

（1）巡视时按规定着装并正确配戴安全帽，不得使用伞具，并根据情况携带其他工具。

（2）巡视时必须与带电设备保持《电业安全工作规程（发电厂和变电所电气部分）》规定的设备不停电时的安全距离，即 500 kV：5.0 m；220 kV：3.0 m；110 kV：1.5 m；35 kV：1.0 m、10 kV：0.7 m。

（3）雷雨天气，一般不进行室外巡视，需要巡视室外高压设备时，应穿绝缘靴，并不得靠近避雷针和避雷器。

（4）高压设备发生接地时室外不得接近故障点 8 m 以内，室内不得接近故障点 4 m 以内，进入上述区域的人员必须穿绝缘靴，接触设备外壳或构架时，应戴绝缘手套。

（5）巡视室内 SF_6 设备，须先通风 15 min；发现 SF_6 气体泄漏应迅速离开，接近泄漏处应戴防毒面具。

（6）夜间巡视应使用照度充足的便携灯具。
（7）进出高压室随手关门，严禁拆除防小动物的挡板。

第二节　电气设备监盘

一、监盘的作用

为监视设备的运行情况，及时发现和消除设备故障和缺陷，防止事故的发生，确保设备的安全运行，需要运行值班人员对后台机实时画面及参数进行监盘。

后台机是指对本厂（站）设备的数据进行采集及处理，完成监视、控制、操作、统计、报表、管理、打印、维护等功能的处理机。

变电站运行实时参数是指为监测和控制变电站运行所需的各种实时数据。主要有：
（1）母线电压、系统频率。
（2）馈线电流、有功功率、无功功率、功率因数、电能量。
（3）主变压器电流、有功功率、无功功率、功率因数、电能量、温度。
（4）保护定值、直流电源电压，变电站设备运行状态。

二、监盘的分类

按照中控室监盘设备分为后台机监控系统监盘和工业电视监盘。按照设备运行条件监盘分为一般运行方式下监盘和特殊运行方式下监盘。

三、监盘要求

1. 对监盘人员的要求

（1）掌握安全规范。
（2）熟悉设备位置和编号。
（3）熟悉所有设备的运行、操作、维护、事故处理方法（掌握运行规程）。
（4）熟悉《调度管理规程》。
（5）了解电站设计的所有资料，掌握电气部分图纸内容，特别是一次主接线图和二次部分展开图。
（6）实习人员不得负责监盘工作，更不得在上位机上对设备进行操作。

2. 监盘工作展开

（1）运行人员接班后，值长立即安排监盘工作计划，任何时候不允许中断监盘。
（2）监盘人员接班后，应立即认真查看上位机简报信息、光字、设备运行方式、设备运行参数各画面。

（3）对存在缺陷的设备及检修后投运的设备应重点加强监视。

3. 监盘制度

（1）正常情况下运行监视人员应定期切换巡查监视信息，运行监视中发现的异常情况必须立即汇报值班负责人。

（2）定期切换巡查周期：集控中心、监控中心不超过 2 h，有人值班变电站不超过 1 h。

（3）中控室监盘人员一般为 2 人，主监盘人员与副监盘人员根据监盘工作计划确定，每 2 h 轮换一次。监盘人员轮换时，交盘者必须交代清楚设备运行工况及重点注意事项，使接盘者做到心中有数，接盘者接盘后，应全面检查一次报警信息。

（4）监盘人员必须认真负责，坐姿端正，不得打瞌睡，不得擅自离岗，不得闲谈，不得做与监盘无关的事情。

（5）监盘人员倘若需短时离开岗位，必须由其他人员代替并征得值长同意，值长与主值班员不得同时离开中控室。

（6）监盘人员应掌握系统运行方式及设备运行工况，时刻关注各处的温度、压力、液位变化情况，查看简报信息内容，对各有关信息进行分析。

（7）监盘人员在监盘时，可以接听调度电话并进行相关负荷调整、AGC、PSS 等自动装置投退的操作，当接到电网调度员调度指令后，应汇报值长，由值长安排他人操作。

（8）在上位机上进行设备操作时，应严格履行监护制度，由主值或值长担任监护人。

四、正常情况运行监盘内容

监盘人员应根据运行方式和设备运行状态开展监盘工作。

（1）监盘人员每 30 min 必须翻看所有监视画面一次，当发现有简报信息及故障光字闪烁时，应立即查看并汇报值长，重要设备还需做好相关记录。

（2）监盘人员每个整点必须查阅运行机组定子温度、轴承温度、压油槽液位及压力、顶盖水位、主变温度、轴承水压曲线图，根据曲线变化趋势对设备情况进行分析。

（3）监盘人员每隔 2 h 必须查阅压油泵、顶盖排水泵、漏油泵、渗漏泵、高低压机、开关站各油泵启停情况。掌握设备启停规律，根据设备启停变化设备运行情况进行分析。

（4）机组开机后 30 min 内应对机组定子温度、各轴承温度及水压、压油槽液位及压力、顶盖水位、主变温度、出口开关油泵启停情况进行重点监视，而且每个画面不得少于 3 次。

（5）监盘人员每个整点利用工业电视对设备进行查看，及时发现跑、冒、滴、漏、积水等异常情况。并根据监盘发现情况与巡检人员及时沟通，掌握现场设备运行情况并与上位机各信息进行比对，确保设备正常运行。

五、特殊方式下的运行监盘内容

以下情况为特殊运行方式：①高峰大负荷期间；②高温季节；③大风、大雨、雷暴、雨雪冰冻等恶劣天气；④经修、试、校后及长期停运后重新投运的设备；⑤系统事故、异常及运行方式有重大变化时；⑥新设备投运；⑦设备带缺陷运行；⑧法定节假日及有重要供电任务期间。在特殊运行方式下，运行监盘的内容主要有：

（1）发电机部分：① 发电机有功、无功、电压、电流、转子电压、转子电流；② 发电机定子温度、各部轴承温度；③ 发电机各部水压；④ 发电机保护装置信息；⑤ 发电机调速系统；⑥ 发电机励磁系统。

（2）厂用电系统：① 厂用电交流系统电压；② 厂用变电压、电流、温度；③ 厂用交流系统运行方式；④ 厂用直流系统合母、控母电压。

（3）升压站：① 各线路有功、无功、电压、电流；② 各线路开关的开关量信息（气压、SF6 压力、储能电机动作等）。

（4）主变：① 主变有功、无功、电压、电流；② 主变冷却器投入、退出信息；③ 主变冷却器水压、油温、线圈温度。

（5）辅助设备：① 压油装置压力、油位、压油泵启停信息；② 厂房排水泵启停信息、厂房集水井水位；③ 高低压气机启停信息及储气罐压力；④ 厂区集水井水位；⑤ 水轮机顶盖水位及顶盖排水泵启停信息。

（6）机组闸门系统：① 机组闸门开度；② 液压启闭机动作信息。

（7）工业电视系统：① 利用工业电视监控画面查看厂区积水近况；② 利用工业电视监控画面查看厂房墙壁渗漏水；③ 利用工业电视监控画面查看厂房各部温度。

六、如何才能做好监盘工作

（1）监盘人员必须按照规定的要求进行认真细致的监盘工作，才能发现各种设备的故障信息。除周期性对各画面监视外，还应根据设备的特点及运行方式、负荷情况、外部自然条件等对重要设备各画面进行重点查看。

（2）监盘工作要善于分析。在查看各设备运行的参数时，应对照各设备及运行参数的标准，进行认真分析对照，及时掌握设备运行状态，及时发现设备发生的故障，避免事故发生。

（3）加强运行知识的培训和责任心教育。只有掌握更多的运行知识，才能正确识别设备的运行情况，只有监盘人员有责任心，认真监盘，发扬在岗 1 min，敬业 60 s 的精神，才能把设备缺陷消除在萌芽状态。

运行人员只有认认真真通过以上几个方面的加强，监盘制度才能发挥实效，才能切实发挥监盘的作用，及时发现运行中设备的各种故障，将设备缺陷消除在萌芽状态，才能真正保证设备安全稳定运行，达到满发多供的目的。

第三节　变压器运行维护与巡视

一、变压器运行方式

1. 变压器空载运行

变压器的空载运行是指变压器的一次绕组接入电源，二次绕组开路的工作状况。

2. 变压器负载运行

变压器负载运行是指变压器的一次绕组接上电源，二次绕组接有负荷的运行方式。

3. 变压器分列运行

分列运行是指两台变压器一次母线并列运行，二次母线用联络断路器联络。正常运行时，联络断路器是分断的，这时变压器通过各自的二次母线供给各自的负荷。这种运行方式的特点是在故障状态下的短路电流小。

4. 变压器并列运行

并列运行是指两台或多台变压器一、二次分别接到公共的母线上，正常运行时同时向负荷供电的方式。

（1）并列运行的优点：① 保证供电的可靠性；② 提高变压器的总效；③ 扩大传输容量；④ 提高资金利用率。

（2）变压器并列运行的条件：① 电压比相同；② 接线组别相同；③ 阻抗电压相等。

5. 变压器不对称运行

变压器的不对称运行，主要是指外施电压的不对称与负荷的不对称的不对称系统。如运行中发生单相短路、二相短路，也是不对称运行情况。造成变压器不对称运行的原因有三个方面：

（1）由于三相负荷不对称，造成不对称运行。

（2）由3台单相变压器组成三相变压器组，当1台损坏而用不同参数的变压器来代替时，造成电流和电压的不对称。

（3）由于某种原因使变压器两相运行时，引起不对称运行。

6. 变压器正常运行

（1）变压器正常运行的基本条件

① 变压器本体、内部铁芯及绕组经过检查应正常，所有电气试验结果应符合要求。

② 冷却器、风扇、潜油泵旋转泵旋转方向应正确，无杂声，油流继电器动作灵活，指示正常。

③ 调压装置、无励磁分接头开关位置符合调度规定档位，且三相一致。运行挡经复测直流电阻合格；有载调压开关装置远方及就地操作可靠，指示位置正确。

④ 套管无破损，油位指示正确，高压套管末屏小套管引出线可靠接地，套管的电气、油化分析试验结果合格。

⑤ 变压器各放气部位应放尽残留空气。全部紧固件完好、齐全并紧固。

⑥ 保护装置与测量仪表全部符合要求，储油柜油位指示正常，吸湿器装置正确，呼吸畅通。

⑦ 新投运或大修后变压器的竣工（大修）资料应齐全。

⑧ 变压器和电抗器送电前必须试验合格，各项检查项目合格，保护按整定配置要求投入，并经验收合格后，方可投运。

（2）变压器正常运行的有关规定

① 变压器的运行电压一般不应高于该运行分接额定电压的105%，超过105%应有相关规定。

② 无励磁调压变压器在额定电压±5%范围内改换分接头位置运行时，其额定容量不变。

③ 油浸式变压器顶层油温一般限值不应超过规定值,自然循环冷却变压器的顶层油温一般不宜经常超过 85 ℃。

④ 强迫油循环风冷变压器的最高上层油温一般不得超过 85 ℃;油浸风冷和自冷变压器上层油温不宜经常超过 85 ℃,最高一般不得超过 95 ℃。

⑤ 新装、大修、事故检修或换油后的变压器,在施加电压前静止时间不应小于以下规定: 110 kV 及以下 24 h, 220 kV 及以上 48 h。

⑥ 变压器绕组（平均和热点）、顶层油、铁芯和油箱等金属部件的温升均应满足要求。

⑦ 变压器三相负荷不平衡时,应监视最大一相的电流。接线为 YNyn0 的大、中型变压器允许的中性线电流,按制造厂及有关规定 。

⑧ 中性点接地方式的规定:

a. 自耦变压器的中性点必须直接接地或经小电抗接地。

b. 110kV 及以上中性点有效接地系统中投运或停运变压器的操作,中性点必须先接地。

⑨ 变压器高压侧与系统断开时,由中压侧向低压侧（或相反方向）送电,变压器高压侧的中性点必须可靠接地。

⑩ 定期切换冷却器电源及冷却器的运行方式,运行电流达到规定值时,自动投入风扇;当油温降低至 45 ℃,且运行电流降到规定值时,风扇退出运行。

⑪ 在新装、吊芯、调换气体继电器、更换变压器的散热器或套管后,投运时必须将空气排尽,变压器送电时瓦斯保护只投信号,跳闸连接片必须断开,在带负荷运行 24h 无异常后投入。

⑫ 运行中的变压器进行下述工作时,重瓦斯保护应由跳闸位置改为信号位置运行:

a. 带电进行注油和滤油时。

b. 进行吸湿器畅通工作或更换硅胶时。

c. 除采油样和气体继电器上部放气阀放气外,在其他所有地方打开放气、放油和走油阀门时。

d. 瓦斯继电器二次回路上的工作。

7. 变压器过负荷运行

（1）正常过负荷

① 正常过负荷及依据:变压器正常过负荷运行的依据是变压器绝缘等值老化原则。

② 正常过负荷允许值应符合相关规定。

③ 正常过负荷允许一般最高不超过额定容量的 20%。

（2）事故过负荷

① 事故过负荷只考虑变压器的冷却方式和当时的环境温度。

② 事故过负荷允许过负荷倍数及持续时间参照规定数据执行。

③ 事故过负荷运行注意事项。

二、变压器巡视检查项目及标准

1. 正常巡视

（1）主变压器正面

主变压器的正面如图 2.1 所示,其各部件名称、功能、巡视标准如表 2.4 所示。

图 2.1 主变压器正面

表 2.4 主变压器正面各部件名称、功能、巡视标准

序号	部件名称	功能作用	巡视标准
1	220 kV 侧套管引接线	引流	导线及接头无过热变色、松股和断股现象
2	220 kV 侧套管	支持和绝缘	套管瓷瓶外表清洁,无破损闪络、裂纹现象,无严重脏污现象。套管油位、油色应正常,无渗漏油现象
3	冷却器	降低变压器油温	散热(管)片、进出口油管法兰和阀门无渗漏油现象,冷却器循油阀门开启正确。检查冷却器散热管风道灰尘堵塞情况,各冷却器手感温度应相近
4	220 kV 侧套管电流互感器	测量 1 号主变压器 220 kV 侧电流	套管的升高法兰座无渗油、漏油现象;应无生锈、裂纹;电容式套管末屏接地良好,无放电声或放电火花
5	变压器本体	将高电压降为低电压	变压器声响均匀、正常;变压器各部位无渗油、漏油;各侧接线端子或连接金具完整、紧固,引线接头、电缆、母线无发热现象,引线挡线绝缘子串无裂纹、破损和放电闪络痕迹,外观清洁;变压器铁芯(夹件)接地线和外壳接地线良好
6	底座	支撑变压器本体	变压器底部轴辘滚轮止动良好,无松动

（2）主变压器侧面

主变压器右侧面如图 2.2 所示，其各部件名称、功能巡视标准如表 2.5 所示。

图 2.2　主变压器右侧面

表 2.5　主变压器右侧面各部件名称、功能、巡视标准

序号	部件名称	功能作用	巡视标准
1	冷却器风扇	降低变压器冷却器散热片温度	运行中的冷却器风扇无反转、卡住、叶片碰壳和停转现象；风扇运转正常，油流继电器工作正常，风向正确，整个冷却器无异常振动
2	冷却器电源箱	单组冷却器交流电源端子箱	各组冷却器下部电源箱门密封，关闭良好。箱内各手柄、开关、信号指示灯等正常，动力电缆无发热现象，箱内封堵良好，箱内无受潮及杂物，无异常信号报出
3	冷却器油泵	利用油泵对变压器油进行强制循环	运行中冷却器潜油泵运行无异常声、渗漏油现象、运转正常。油流计指示正确，油流计示窗玻璃完好，无进水现象

主变压器左侧面如图 2.3 所示，其各部件名称、功能、巡视标准如表 2.6 所示。

图 2.3 主变压器左侧面

表 2.6 主变压器左侧面各部件名称、功能、巡视标准

序号	部件名称	功能作用	巡视标准
1	220 kV 侧中性点接地刀闸	正常运行时,作为 220 kV 系统的接地点运行,操作时合上该刀闸,防止操作过电压	导线及接头无过热变色、松股和断股现象;瓷瓶外表清洁,无破损闪络、裂纹现象,无严重脏污、老化、受潮现象;刀口接触良好;传动部分无脱销、无变形、无锈蚀;接地引下线牢固可靠、无锈蚀、无脱焊
2	110 kV 侧中性点接地刀闸	正常运行时,作为 110 kV 系统的接地点运行,操作时合上该刀闸,防止操作过电压	
3	220 kV 侧中性点避雷器	变压器中性点电压过高时,将过电压引入接地,保护中性点绝缘	导线及接头无过热变色、松股和断股现象;瓷瓶外表清洁,无破损闪络、裂纹现象,无严重脏污、老化、受潮现象
4	220 kV 侧中性点零序电流互感器	采取中性点零序电流,为 220 kV 零序过流保护提供二次电流	外壳无锈蚀,整体无异常响声
5	220 kV 侧中性点避雷器计数器	避雷器动作次数记录	放电计数器和泄漏电流监测仪,密封良好,指示应正确,比较前后数据变化在正常范围
6	220 kV 侧中性点接地刀闸操作机构	电动操作 220 kV 侧中性点接地刀闸	电源箱门密封,关闭良好。箱内各手柄、开关、信号指示灯等正常,动力电缆无发热现象,封堵是否良好,无受潮及杂物,无异常信号报出

（3）主变压器背面

主变压器背面如图 2.4 所示，其各部件名称、功能、巡视标准如表 2.7 所示。

图 2.4　主变压器背面

表 2.7　主变压器背面各部件名称、功能、巡视标准

序号	部件名称	功能作用	巡视标准
1	110 kV 侧套管引接线	引流	导线及接头无过热变色、松股和断股现象
2	110 kV 侧套管	支持和绝缘	套管瓷瓶外表清洁，无破损闪络、裂纹现象，无严重脏污现象。套管油位、油色应正常，无渗漏油现象
3	油枕	储油	油枕的油位应在正常范围，无渗漏油现象
4	防爆管	变压器严重内部故障时，将变压器油引流到变压器池	防爆管、安全气道及防爆膜应完好无损，无渗漏油现象
5	呼吸器	对油枕与外界空气交换进行吸潮	呼吸器完好，吸附剂干燥（变色不超过 2/3），油封油位正常
6	10 kV 侧套管	支持和绝缘	套管瓷瓶外表清洁，无破损闪络、裂纹现象，无严重脏污现象。套管油位、油色应正常，无渗漏油现象

（4）主变压器其他部件

主变压器的其他部件如图 2.5 所示，它们的名称、功能、巡视标准如表 2.8 所示。

瓦斯继电器　　　　　　　温度表　　　　　　　油流继电器

图 2.5　主变压器其他部件

表 2.8　主变压器其他部件的部件名称、功能、巡视标准

序号	部件名称	功能作用	巡视标准
1	瓦斯继电器	反应变压器的内部故障	瓦斯继电器与储油柜间连接阀门是否打开，气体继电器内有无气体，是否充满油
2	温度表	反应变压器的油温、绕组温度	变压器的油温和温度计应正常，现场指示与远方记录（或监控系统显示）一致
3	油流继电器	反应油泵动作情况	油流继电器指示正确，示窗玻璃完好，无进水现象。

主变压器的风冷控制器箱如图 2.6 所示，其功能和巡视标准如表 2.9 所示。

图 2.6　主变压器风冷控制箱

表 2.9　主变压器风冷控制箱的功能、巡视标准

部件名称	功能作用	巡视标准
风冷控制箱	控制主变压器冷却器投切	控制箱和二次端子箱、机构箱应关严，无受潮，温控装置工作正常，箱内各种电器装置应完好，位置和状态应正确

2. 特殊巡视项目和要求

（1）应特殊巡视的情况

① 大风、雾天、冰雪、冰雹及雷雨后的巡视。

② 设备变动后的巡视。

③ 设备新投入运行后的巡视。

④ 设备经过检修、改造或长期停运后重新投入运行后的巡视。

⑤ 异常情况下的巡视。主要是指过负荷或负荷剧增、超温、设备发热、系统冲击、跳闸、有接地故障情况等，应加强巡视。必要时，应派专人监视。

⑥ 设备缺陷近期有发展时、法定休假日、上级通知有重要供电任务时，应加强巡视。

⑦ 站长应每月进行1次巡视。

（2）新投入或经过大修的变压器的巡视要求

新投或大修后的变压器，24 h试运行期间应每小时巡视1次；在投运后一周内每班巡视检查的次数也应适当增加。

① 变压器声音应正常，如发现响声特别大，不均匀或有放电声，应认为内部有故障。

② 油位变化应正常，应随温度的增加略有上升，如发现假油面应及时查明原因。

③ 用手触及每一组冷却器，温度应正常，以证实冷却器的有关阀门已打开。

④ 油温变化应正常，变压器带负荷后，油温应缓慢上升。

⑤ 应对新投运变压器进行红外测温。

⑥ 监视负荷和导线接头有无发热现象。

⑦ 检查瓷套管有无放电打火现象。

⑧ 气体继电器应充满油。

⑨ 压力释放装置（防爆管）应完好。

⑩ 各部件无渗漏油情况。

⑪ 冷却装置运行良好。

（3）异常天气时的巡视项目和要求

① 气温骤变时，检查储油柜油位和瓷套管油位是否有明显变化，各侧连接引线是否有断股或接头处发红现象。各密封处是否有渗漏油现象。

② 雷雨、冰雹后，检查引线摆动情况及有无断股，设备上有无其他杂物，瓷套管有无放电痕迹及破裂现象。

③ 浓雾、毛毛雨、下雪时，瓷套管有无沿表面闪络和放电现象，各接头在小雨中和下雪后不应有水蒸气上升或立即融化的现象，否则表示该接头运行温度比较高，应用红外线测温仪进一步检查其实际情况。

（4）异常情况下的巡视项目和要求

在变压器运行中发现不正常现象时，应设法尽快消除，并报告上级部门和做好记录。

① 系统发生外部短路故障后，或中性点不接地系统发生单相接地时，应加强监视变压器的状况。

② 运行中变压器冷却系统发生故障，切除全部冷却器时，应迅速汇报有关人员，尽快查明原因。在许可时间内采取措施恢复冷却器正常运行。当"冷却器故障"发信时，应到现场查

明原因尽快处理，处理不了则投备用冷却器，并汇报调度等候处理。

（5）带缺陷设备的巡视项目和要求

① 铁芯多点接地而接地电流较大且色谱异常时，应安排检修处理。在缺陷消除前，采取措施将电流限制在 100 mA 以下，并加强监视。

② 变压器有部分冷却装置故障，应经常监测温度，具体变压器温度控制应不超过规定。

③ 对有其他缺陷的变压器应缩短巡视时间。

④ 近期缺陷有发展时应加强巡视或派专人巡视。

（6）过负荷时的巡视项目和要求

① 变压器的负荷超过允许的正常负荷时，值班人员应及时汇报调度。

② 变压器过负荷运行时，应检查并记录负荷电流，检查油温和油位的变化，检查变压器声音是否正常、接头是否发热、冷却装置投入量是否足够、运行是否正常、防爆膜、压力释放器是否动作过。

③ 当有载调压变压器过负荷 1.2 倍运行时，禁止分接开关变换操作并闭锁。

第四节　断路器运行维护与巡视

一、断路器的正常巡视

1. 断路器正面

断路器正面如图 2.7 所示，其各部件名称、功能、巡视标准如表 2.10 所示。

图 2.7　断路器正面

表2.10 断路器正面各部件名称、功能、巡视标准

序号	部件名称	功能作用	巡视标准
1	灭弧单元	绝缘和灭弧	1. SF_6 气体压力表或密度表在正常范围内（0.55 MPa＜SF_6 气体压力＜0.6 MPa）。 2. 绝缘套管无裂纹、破损，无放电痕迹和脏污现象。 3. 各接头处接触良好，无过热变色断股现象。 4. 分、合闸位置指示与实际运行方式相符。 5. 断路器运行声音正常，断路器内无噪声和放电声。 6. 各部分通道无异常（漏气声、振动声）及异常。 7. 各连杆、传动机构完好。 8. 弹簧操动机构完好，弹簧应在储能状态。 9. 基础无下沉、倾斜。
2	绝缘子	支持和绝缘	
3	横梁	固定和支持断路器主体和传动部分	
4	操作机构箱	实现断路器的分合操作	
5	断路器分、合闸位置指示器	监视断路器分合位置	
6	SF_6 气压表	监视气体压力	

2. 断路器操作机构

断路器机构箱如图2.8所示，其各部件名称、功能、巡视标准如表2.11所示。

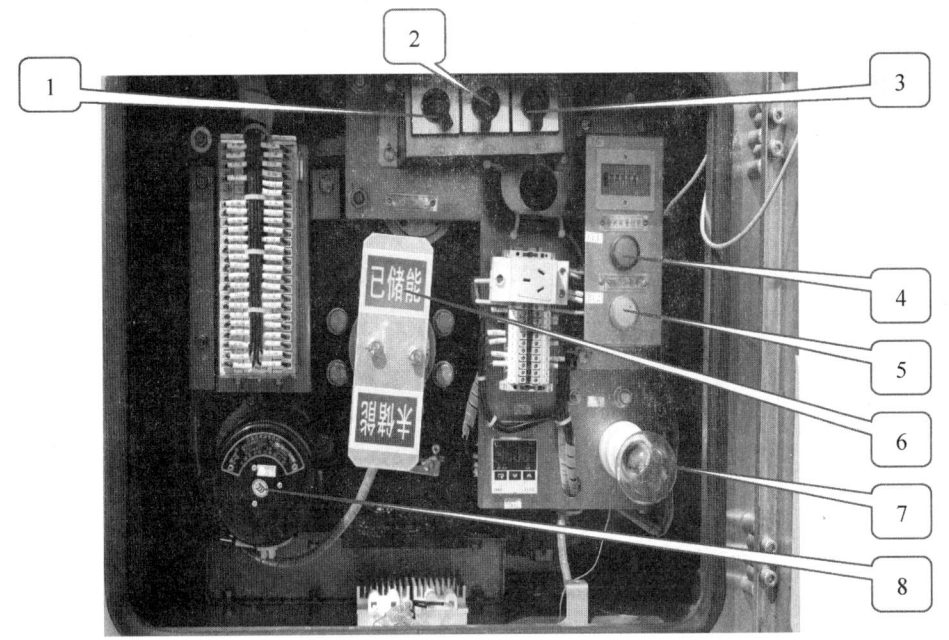

图2.8 断路器机构箱

表 2.8 断路器机构箱各部件名称、功能、巡视标准

序号	部件名称	功能作用	巡视标准
1	远方就地切换开关	进行远方、就地分合断路器的切换	1. 检查弹簧操动机构完好,弹簧应在储能状态。 2. 检查确认机构箱内的加热器按规定投入或退出。 3. 检查确认控制、信号电源正常投入,控制开关应在"远方"位置。 4. 箱内照明正常。 5. 机构箱门关闭完好;箱内无潮气、无积灰、无腐蚀现象。 6. 各继电器、接触器、端子排端子应无烧焦、冒烟、打火、锈蚀现象;接地线、接地排应完好,接地线端子无松脱现象。 7. 连动机械部分无异物卡涩,紧固螺丝均完好无松动、脱落、遗失。
2	合闸按钮	就地合闸操作	
3	分闸按钮	就地分闸操作	
4	弹簧储能指示灯	指示弹簧储能情况	
5	SF$_6$低压报警	SF$_6$气体低压报警	
7	箱内照明灯	照明	
8	合闸储能电机	合闸、分闸弹簧储能	

二、断路器的特殊巡视

1. 断路器的特殊巡视要求

断路器在下列情况下,必须进行特殊巡视。

(1) 设备巡视及大修后,巡视周期应缩短,72 h 后转入正常巡视。

(2) 遇有下列情况,应进行特殊巡视:设备负荷有明显增加;设备经过检验、改造或长期停用后重新投入运行;设备缺陷近期有所发展;恶劣天气、事故跳闸和设备运行中发现可疑现象;法定节假日和上级通知有重要供电任务期间。

2. 断路器的特殊巡视检查项目

(1) 大风天气:引线摆动情况及有无搭挂杂物。

(2) 雷雨天气:瓷套管有无放电闪络现象。

(3) 大雪天气:根据积雪融化情况,检查接头发热部位,及时处理悬冰。

(4) 温度骤变:检查注油设备油位变化及设备有无渗漏油等情况。

(5) 节假日时:监视负荷并增加巡视次数。

(6) 高峰负荷期间:增加巡视次数,监视设备温度、触头、引线接头,特别是限流元件触头有无过热现象,设备有无异常声音。

(7) 短路故障跳闸后:检查断路器的位置是否正确,各附件有无变形,引线触头有无过热、松动现象,SF$_6$气体压力、液压机构压力值是否正常,弹簧机构是否已储能。

(8) 设备重合闸后:检查设备位置是否正确,动作是否到位,有无不正常的声响或异味。

(9) 严重污秽地区:检查瓷质绝缘的积污程度,有无放电、爬电、电晕等异常现象。

第五节 隔离开关运行维护与巡视

一、隔离开关运行要求

（1）因为隔离开关是一种没有灭弧装置的控制电器，因此在运行中，严禁带负荷进行分、合操作。

（2）允许在额定电流、额定电压长期运行，运行中各连接部位不应超过 70℃。

（3）隔离开关应具有足够的短路稳定性。隔离开关在运行中，会受到短路电流热效应与电动力的作用，所以要求隔离开关具有足够的稳定性，尤其不能因电动力的作用而自动断开，否则将引起严重事故。

（4）分闸状态时，带电侧与停电侧距离应满足安全要求。即要求隔离开关断开点间有足够的绝缘距离，以保证在过电压及相间闪络的情况下，不致引起绝缘击穿而危及工作人员的安全。

（5）隔离开关操作把手或机构箱门上应装有五防机械锁，并与相关设备有可靠的机械闭锁及电气闭锁，以防止带负荷拉合隔离开关、带接地刀闸合隔离开关等误操作的发生。避免造成人身伤亡、电网故障、设备损坏。

二、隔离开关的巡视检查项目

1. 隔离开关正面

隔离开关正面如图 2.9 所示，其各部件名称、功能、巡视标准如表 2.12 所示。

图 2.9 隔离开关

表 2.12　隔离开关正面各部件名称、功能、巡视标准

序号	部件名称	功能作用	巡视标准
1	触头	和系统连接或隔离	1. 瓷绝缘完整无裂纹和放电现象。 2. 操动机构，包括操动连杆及部件，无开焊、变形、锈蚀、松动脱落现象，连接轴销子坚固螺母等完好，电动机构箱门锁闭。 3. 闭锁装置完好，销子锁牢，辅助触点位置正确且接触良好。 4. 隔离开关合闸后，两触头完全进入刀嘴内，触头之间接触良好，在额定电流下，温度不超过70 ℃。 5. 引接线无散股、断股现象，接头无发热、发红现象。
2	引接线接头	引流	
3	绝缘子	支持和绝缘	
4	传动机构	传动隔离开关分闸、合闸	

2. 隔离开关电动操作机构

隔离开关电动操作机构如图 2.10 所示，其各部件名称、功能、巡视标准如表 2.13 所示。

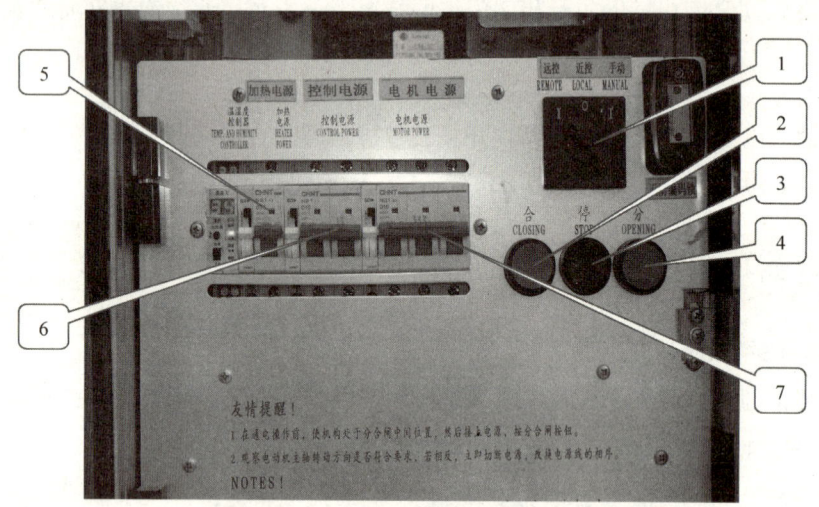

图 2.10　隔离开关电动操作机构

表 2.13　隔离开关各操作机构的各部件名称、功能、巡视标准

序号	部件名称	功能作用	巡视标准
1	远方就地操作切换开关	远方就地操作选择	1. 检查确认操作箱内的加热器按规定投入或退出。 2. 检查确认控制、信号电源正常投入，控制开关应在"近方"位置。 3. 操作箱门关闭完好；箱内无潮气、无积灰、无腐蚀现象。 4. 各继电器、接触器、端子排端子应无烧焦、冒烟、打火、锈蚀现象；接地线、接地排完好，接地线端子无松脱现象。 5. 连动机械部分无异物卡涩，紧固螺丝均完好无松动、脱落、遗失。 6. 各空气开关应无烧焦、冒烟、打火、锈蚀现象
2	合闸按钮	合隔离开关	
3	电机停止按钮	停止电机，终止隔离开关分合	
4	分闸按钮	拉隔离开关操作	
5	机构箱内加热电源空气开关	机构箱加热	
6	控制电源空气开关	控制隔离开关分合到位后自动停止电源	
7	电机电源空气开关	分合操作电机电源	

第六节　互感器运行维护与巡视

一、电压互感器的运行维护

1. 电压互感器的温升极限

在 1.2 倍额定电压下，各类互感器的温升极限为：
（1）绕组的平均温升应不超过 65 ℃；
（2）储油柜的油顶层应不超过 55 ℃。

2. 电压互感器的日常维护

（1）电压互感器的各二次绕组（包括备用）均必须有可靠的保护接地，且只允许有一个接地点。电流互感器备用的二次绕组应短路接地。接地点的布置应满足有关二次回路设计的规定。

（2）互感器应有明显的接地符号标志，接地端子应与设备底座可靠连接，并从底座接地螺栓用两根接地引下线与地网不同点可靠连接。

（3）互感器二次绕组所接负荷应在准确等级所规定的负荷范围内。

（4）停运半年及以上的互感器，按有关规定试验检查合格后方可投运。

（5）电压互感器二次侧严禁短路。

（6）电压互感器允许在 1.2 倍额定电压下连续运行；中性点有效接地系统中的互感器允许在 1.5 倍额定电压下运行 30 s；中性点非有效接地系统中的电压互感器在系统无自动切除对地故障保护时，允许在 1.9 倍额定电压下运行 8 h。

（7）电磁式电压互感器一次绕组 N 端子必须可靠接地，电容式电压互感器的电容分压器低压端子（N，J）必须通过载波回路线圈接地或直接接地。

（8）中性点非有效接地系统中，电压互感器一次中性点应接地。

（9）电压互感器的二次回路，除剩余绕组或特别规定外，应装设快速开关或熔断器。

（10）66 kV 及以上电磁式油浸互感器应装设膨胀器或隔膜密封，应有便于观察的油位或油温压力指示器，并进行试验合格，并有最低和最高限值标志。互感器应标明绝缘油牌号。

3. 电压互感器允许的运行方式

电压互感器可长期在额定容量下运行，但不允许超过最大容量运行。由于电压互感器二次绕组的负荷都是高阻抗仪表，在运行时接近空载情况，所以二次绕组不允许短路，否则会产生很大的短路电流，甚至烧毁绕组。

4. 运行时应注意的事项

（1）禁止用隔离开关拉合有故障的电压互感器。

（2）电压互感器允许在最高工作电压（比额定高10%）下连续运行。

（3）电压互感器停电时，应注意对继电保护、自动装置的影响，防止误动、拒动。

（4）两组电压互感器二次并列操作时，必须在一次并列情况下进行。如果在一次侧未并列的情况下进行二次侧并列，电压互感器会通过并列的二次侧反充电，空载电流大，加上母线的充电电流，容易引起电压互感器二次低压熔断器熔断或空开跳闸，致使保护、自动装置失去电源。

（5）新投入或大修后的电压互感器必须核相。

（6）电压互感器的操作必须遵循下述操作顺序：进行停电操作时，先断开二次回路，再拉开一次侧隔离开关；送电时应先合一次侧隔离开关，再合二次回路。

二、电流互感器的运行维护

1. 日常维护

（1）电流互感器二次侧严禁开路，备用的二次绕组也应短接接地。

（2）电流互感器允许在设备最高电流下或额定连续电流下长期运行。

（3）电容型电流互感器一次绕组的末（地）屏必须可靠接地。

（4）倒立式电流互感器二次绕组屏蔽罩的接地端子必须可靠接地。

2. 允许运行方式

（1）电流互感器在运行中不得超过额定容量长期运行。过负荷运行会使电流互感器误差增大，铁芯、绕组过热，甚至损坏。

（2）电流互感器在运行时，它的二次侧电路应始终是闭合的。

（3）电流互感器在运行时，二次绕组的一边应该和铁芯同时接地运行，以防一、二次绕组间因绝缘损坏击穿时，二次绕组窜入高电压，危及仪表、继电器及人身安全。

3. 电流互感器二次接地的相关要求

电流互感器二次接地属于保护接地，可防止一次绝缘击穿，二次串入高压威胁人身安全，损坏设备。对二次侧接地的要求有：

（1）电流互感器的二次侧只允许一点接地，不许多点接地。若发生两点接地，则可能引起分流使电气测量的误差增大或影响继电保护装置的正确动作。

（2）对于低压电流互感器，由于其绝缘裕度大，发生一、二次绕组击穿的可能性极小，因此其二次绕组不接地。由于二次侧不接地也使二次系统和计量仪表的绝缘能力提高，大大地减少了由于雷击造成的仪表烧毁事故。

三、互感器巡视检查项目

1. 正常巡视

电流互感器外形图如图2.11所示，其各部件名称、功能、巡视标准如表2.14所示。

图 2.11 电流互感器

表 2.14 电流互感器各部件名称、功能、巡视标准

序号	部件名称	功能作用	巡视标准
1	接线板	将电流引进电流互感器本体内	1. 瓷瓶清洁、无破损、无裂纹、无放电痕迹。 2. 本体无渗、漏油现象。无放电或其他异常响声。 3. 导线、接头无过热、断股、散股现象。 4. 油位指示正常，油色应正常。
2	电流互感器本体	将大电流转换为小电流	
3	底座	固定电流互感器本体及引出二次电流	

2. 特殊巡视

1）巡视周期

① 在高温、大负荷运行前。

② 大风、雾天、冰雹及雷雨后。

③ 设备变动后。

④ 设备新投入运行后。

⑤ 设备经过检修、改造或长期停运，重新投入运行后。

⑥ 设备发热、系统冲击及内部有异常声音等。

⑦ 设备缺陷近期有发展时、法定节假日、上级通知有重要供电任务时。

⑧ 站长应每月进行一次巡视。

2）特殊巡视的项目

除正常巡视项目外，应注意的情况还有：

① 大负荷期间用红外测温设备检查互感器内部、引线接头发热情况。

② 大风扬尘、雾天、雨天外绝缘有无闪络。
③ 冰雪、冰雹天气外绝缘有无损伤。

第七节　母线运行维护与巡视

一、母线接头的运行要求

（1）母线接头应紧密、无空隙，不应松动，如图 2.12 所示；接头的电阻值不应大于相同长度母线电阻值 1.2 倍。

（2）接头允许运行温度为 70 ℃（环境温度为 25 ℃ 时），如其接触面有锡覆盖层（如超声波搪锡）时，允许提高到 85 ℃，闪光焊时允许提高到 100 ℃。

图 2.12　10 kV 母线接头

二、母线正常巡视项目及要求

（1）导线、金具光滑、无损伤，接头无过热现象。
（2）瓷套无破损及放电痕迹。
（3）间隔棒和连接板等金具的螺栓无断损和脱落。
（4）在晴天，导线和金具无可见电晕，夜间闭灯检查无可见电晕。
（5）定期对接点、接头的温度进行检测。
（6）母线及导线异常运行时，针对异常情况进行特殊巡视。
（7）导线上无异物悬挂。

三、母线特殊巡视项目及要求

（1）在大风时，母线的摆动情况符合安全距离要求，无异常飘落物。
（2）雷电后瓷绝缘子无放电闪络痕迹。

（3）雨雪天接头处积雪是否迅速溶化和发热冒气。
（4）气候变化时，母线有无弛张过大，或收缩过紧的现象。
（5）雾天绝缘子有无污闪。

第八节　耦合电容、避雷器运行维护与巡视

一、电容器的运行规定

（1）电容器允许在额定电压±5%波动范围内长期运行，电容器的过电压倍数及运行持续时间如表 2.15 所示，应尽量避免在低于额定电压下运行。

表 2.15　电容器的过电压倍数及运行持续时间表

过电压倍数	持续时间	说　明
1.05	连续	
1.10	每 24 h 中有 8 h 连续	
1.15	每 24 h 中有 30 min 连续	系统电压调整波动
1.20	5 min	轻负荷时电压升高
1.30	1 min	

（2）电容器允许在不超过额定电流 30% 的情况下长期运行，三相不平衡电流不超过 ±5%。

（3）电容器运行室温度最高不允许超过 40 ℃，外壳温度不超过 50 ℃。

（4）发现电容器外壳膨胀、接头严重过热、严重漏油、电容器外壳示温蜡片融化脱落、套管闪络放电或有火花时，应立即将故障电容器退出运行。

（5）当电容器保护装置动作或外熔丝熔断后，应检查电容器及相连接设备是否有损坏。未经检测核实确无故障，不得再投运。

（6）电容器在合闸投入前必须放电完毕，禁止电容器带电荷投入运行。

（7）电容器外壳接地要良好，每月要检查放电回路及放电电阻并确保其完好。

（8）电容器正常运行时，应定期进行测温，以便于及时发现设备存在的隐患，保证设备安全、可靠运行。

（9）应定期对电容器表面进行除尘清洗。

（10）电容器在以下情况下应退出运行：
① 电容器爆炸；
② 接头严重发热；
③ 电容器套管发生破裂并有闪络放电；
④ 电容器严重喷油或起火；

⑤ 电容器外壳明显膨胀,有油质流出或三相电流不平衡超过15%,以及电容器或电抗器内部有异常声响;

⑥ 当电容器外壳温度超过55 ℃,或室温超过40 ℃,采取降温措施无效时;

⑦ 密集型并联电容器压力释放阀动作时。

(11) 当全站失压停电时,应先拉开电容器断路器,后断开各出线断路器,送电时相反。

(12) 电容器组切除 3~5 min 后才可合闸。这是因为电容器再次切除后需要 1 min 左右的放电时间,只有放电完了,电容器不带电荷合闸才不会引起过电压。

二、耦合电容器的巡视检查

耦合电容器外形图如图 2.13 所示,其各部件名称、功能、巡视标准如表 2.16 所示。

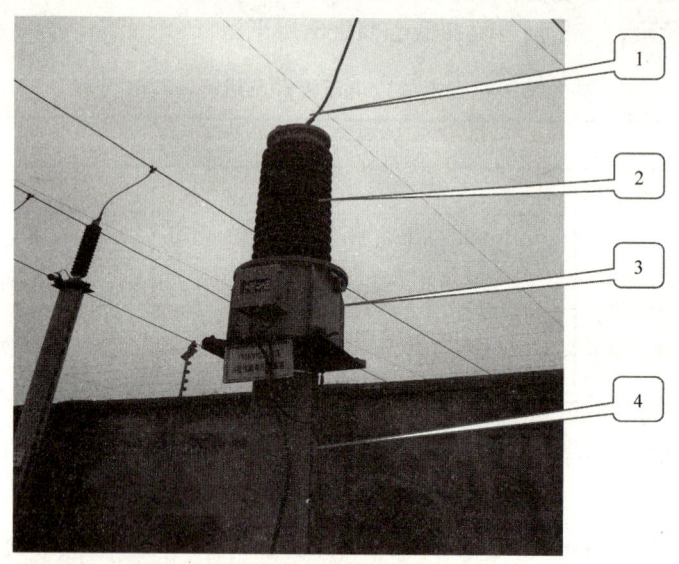

图 2.13 耦合电容器

表 2.16 耦合电容器各部件名称、功能、巡视标准

序号	部件名称	功能作用	巡视标准
1	引接线接头	引流	1. 导线及接头无过热变色、松股和断股现象。
2	绝缘子	支持和绝缘	2. 瓷瓶外表清洁,无破损闪络、裂纹现象,无严重脏污、老化、受潮现象。
3	本体	将强电和弱电两个系统通过电容器耦合并隔离	3. 外壳、阀门和法兰无渗漏油、漏气,无异常震动、异常响声及异味。
4	接地引下线	外壳接地	4. 接地引下线牢固可靠、无锈蚀、无脱焊。

三、避雷器的巡视检查

避雷器外形图如图 2.14 所示,其各部件名称、功能、巡视标准如表 2.17 所示。

图 2.14 避雷器

表 2.17 避雷器各部件名称、功能、巡视标准

序号	部件名称	功能作用	巡视标准
1	引接线接头	引流	1. 导线及接头无过热变色、松股和断股现象。 2. 瓷瓶外表清洁,无破损闪络、裂纹现象,无严重脏污、老化、受潮现象。内部无放弧响声,法兰无裂纹、锈蚀、进水,无严重脏污现象。 3. 放电计数器和泄漏电流监测仪密封良好,指示应正确,比较前后数据变化在正常范围。 4. 接地引下线牢固可靠、无锈蚀、无脱焊。
2	绝缘子	支持和绝缘	
3	避雷器计数器	避雷器动作次数记录	
4	接地引下线	将雷电流引入接地网	

第九节 继电保护装置屏柜巡视检查

继电保护装置屏柜正面如图 2.15 所示,其各部件名称、功能、巡视标准如表 2.18 所示。

图 2.15 继电保护装置屏柜正面

表 2.18　继电保护装置屏柜正面各部件名称、功能、巡视标准

序号	部件名称	功能作用	巡视标准
1	继电保护装置	反应设备或电网的不正常状态	1. 装置本体清洁完整,信号灯指示正常、无异常响声及异味。 2. 各液晶显示日期、时间、电压、电流等显示正确,数据实时更新。 3. 打印机电源正常,打印纸充足。 4. 检查保护连接片是否按照保护整定书要求正确投入。
2	继电保护装置显示屏	显示保护动作报文、定值等	
3	打印机	打印保护动作报文、定值等	
4	保护连接片	投入或退出保护功能	

继电保护装置屏柜背面如图 2.16 所示,其各部件名称、功能、巡视标准如表 2.19 所示。

图 2.16　继电保护装置屏柜背面

表 2.19　继电保护装置屏柜背面各部件名称、功能、巡视杳无音信

序号	部件名称	功能作用	巡视标准
1	继电保护装置插件	实现继电保护功能	1. 各模块插件信号指示灯运行正常。 2. 各空气开关应无烧焦、冒烟、打火、锈蚀现象,标识正确。 3. 各端子排端子应无烧焦、冒烟、短路现象。 4. 电缆孔洞封堵完好,电缆挂牌正确。屏柜内清洁,无杂物。
2	继电保护装置电源、断路器控制电源、交流电压回路	为继电保护装置提供电源、电压等	
3	二次端子排	连接二次接线	
4	电缆孔	施放二次电缆	

第十节 线路、变压器间隔日常巡视流程

一、线路间隔日常巡视维护流程（见图 2.17）

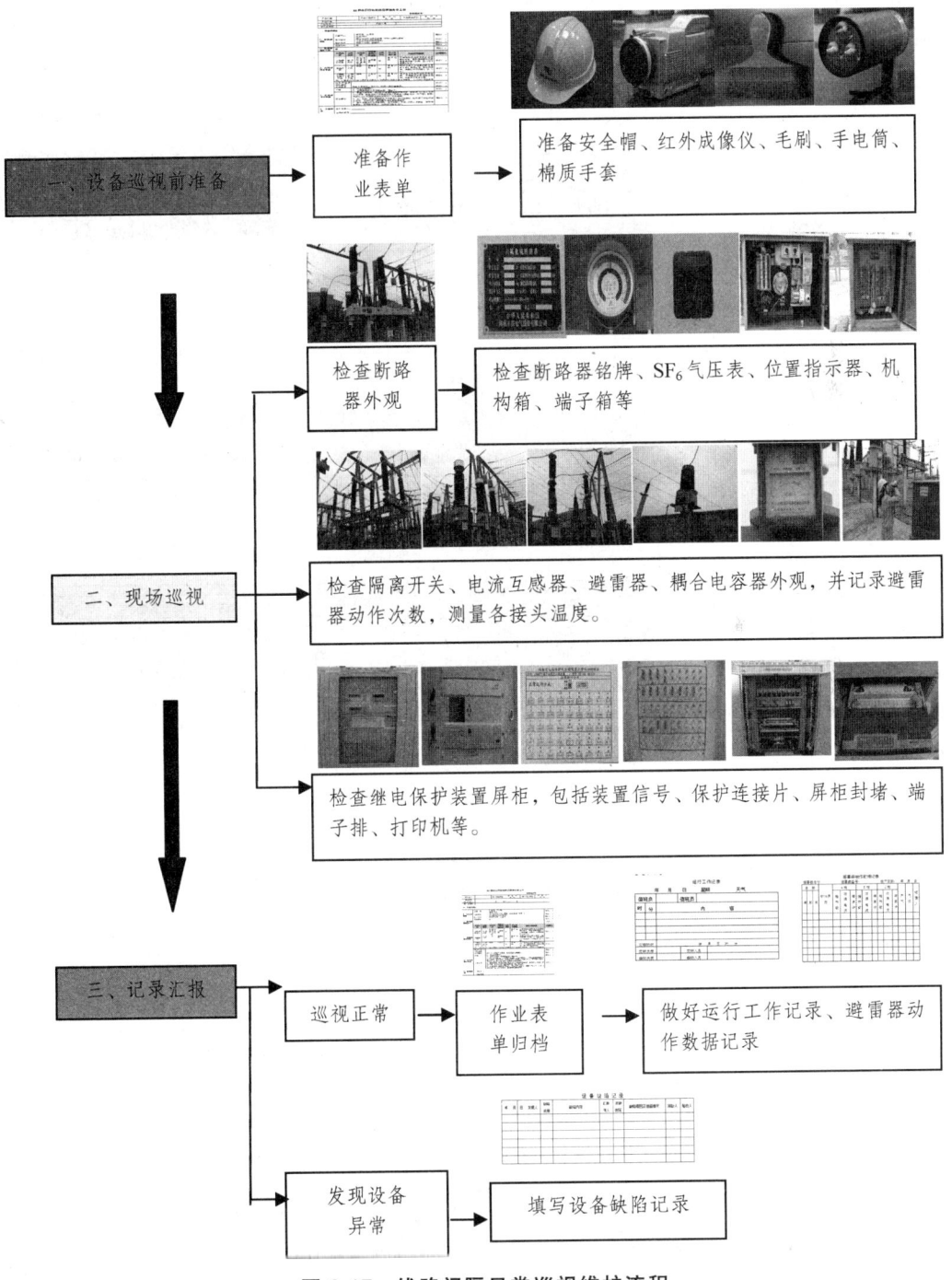

图 2.17 线路间隔日常巡视维护流程

二、主变压器间隔日常巡视维护流程（见图2.18）

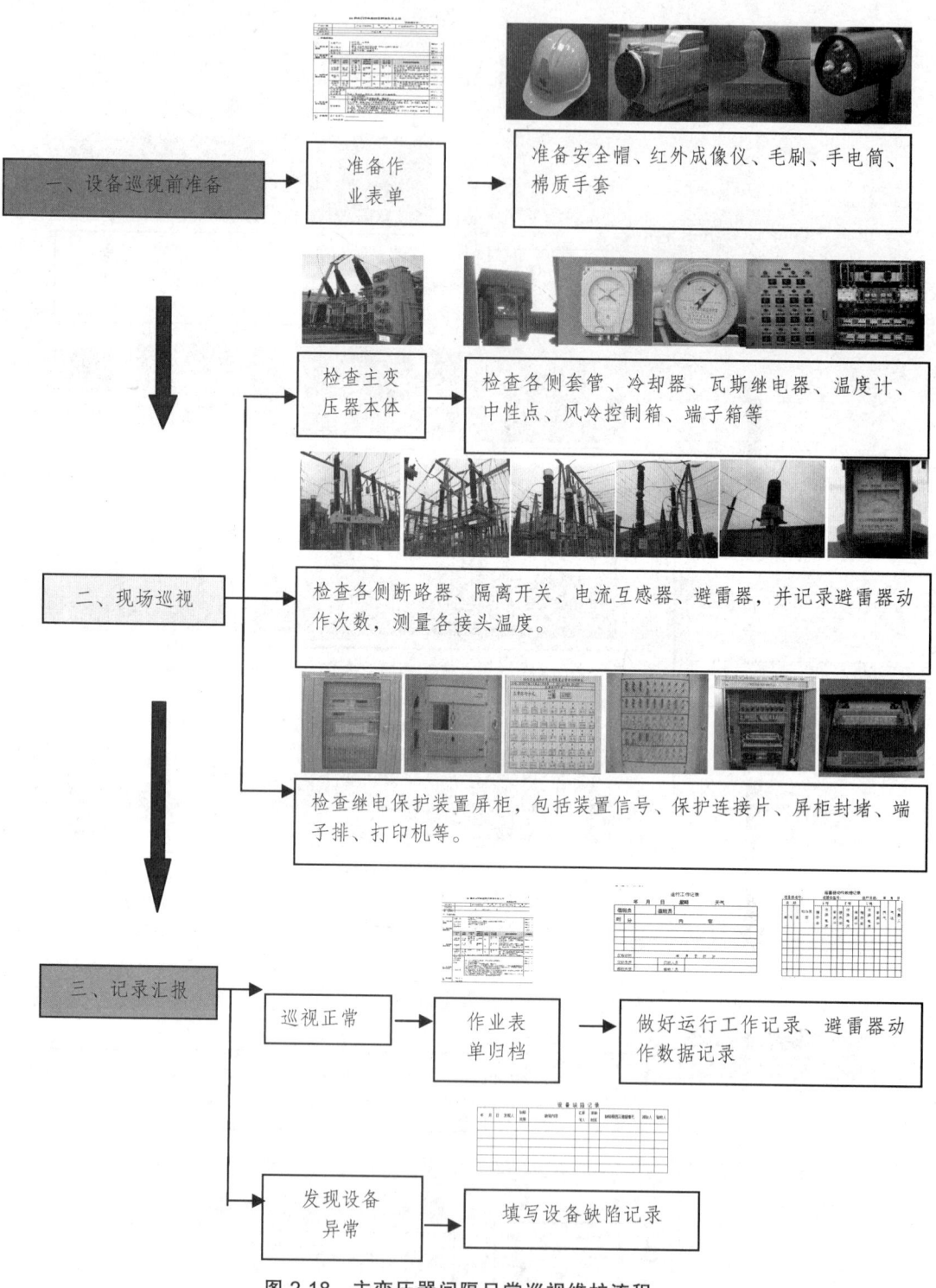

图2.18 主变压器间隔日常巡视维护流程

综合练习

1. 简述电力系统监盘的作用。
2. 变电站运行实时监测的参数包括哪些?
3. 按照设备运行条件,监盘分为哪几种类型?
4. 哪些情况属于特殊运行方式?
5. 如何才能做好监盘工作?
6. 简述电气设备巡视维护的目的。
7. 电气设备巡视分为哪几种类型?
8. 简述电气设备巡视检查的方法。
9. 主变压器巡视检查的项目有哪些?
10. 断路器巡视检查的项目有哪些?
11. 隔离开关巡视检查的项目有哪些?
12. 电流互感器巡视检查的项目有哪些?
13. 避雷器巡视检查的项目有哪些?
14. 耦合电容巡视检查的项目有哪些?
15. 电气设备巡视后需做哪些记录?

第三章　电气设备倒闸操作

本章主要介绍设备状态的定义，电气设备倒闸操作的一般原则与基本流程，操作票的填写规范、操作票的执行要求，微机防误装置的构成、作用及使用，以及线路、电压互感器、母线、变压器、电容器等设备停/送电操作票的填写方法及倒闸操作任务的执行。

☞ **学习目标**

1. 知识目标
（1）了解设备状态的定义，熟悉倒闸操作的一般原则，掌握操作票的填写规范。
（2）了解微机防误装置的构成、作用及使用方法。
（3）理解线路重合闸的使用及配合，掌握线路停/送电的操作原则及顺序。
（4）了解电压互感器的接线方式及配置原则，掌握电压互感器停/送电的操作原则及顺序。
（5）掌握单母线（分段）接线母线停/送电的操作原则及顺序。
（6）理解双母线（分段）接线冷倒、热倒的概念，掌握母线停/送电的操作原则及顺序。
（7）掌握变压器停/送电的操作原则及顺序。
（8）了解电容器在无功补偿中的作用及接线形式，掌握电容器停/送电的操作原则及顺序。
2. 能力目标
会做线路、电压互感器、母线、变压器、电容器间隔倒闸操作前的准备工作（包括检查必需的安全工器具和填写操作票）、倒闸操作任务的执行、倒闸操作完毕后的记录归档。

第一节　概　述

一、倒闸操作的概念

在电力系统运行过程中，由于负荷的变化以及设备检修等原因，经常需要将电气设备从一种状态转换到另一种状态或改变系统运行方式，这就需要进行一系列的操作，我们将这种操作称为电气设备的倒闸操作。倒闸操作是一项复杂而重要的工作，因为操作是否正确，直接关系到操作人员的安全和设备的正常运行，若发生误操作事故，可能会造成严重后果。所以各级领导和全体值班人员必须采取有效措施加以防止。这些措施包括组织措施和技术措施两个方面，要求各级值班人员严格贯彻执行。组织措施包括操作命令的下达、命令复诵、使用操作票、模拟预演和实施操作监护以及操作票的管理制度等。技术措施包括要求操作人必须正确佩带使用个人保护用品和操作工具,电气设备必须安装强制性的防止误操作的装置(达到五防)。

二、设备状态

1. 一次设备状态

（1）运行状态：是指设备或电气系统带有电压,其功能有效。母线、线路、断路器、变压器、电抗器、电容器及电压互感器等一次电气设备的运行状态,是指从该设备电源至受电端的电路接通并有相应电压（无论是否带有负荷）,且控制电源、继电保护及自动装置正常投入。

（2）热备用状态：是指该设备已具备运行条件,经一次合闸操作即可转为运行状态的状态。母线、变压器、电抗器、电容器及线路等电气设备的热备用是指连接该设备的各侧均无安全措施,各侧的断路器全部在断开位置,且至少一组断路器各侧隔离开关处于合上位置,设备继电保护投入,断路器的控制、合闸及信号电源投入。断路器的热备用是指其本身在断开位置,各侧隔离开关在合闸位置,设备继电保护及自动装置满足带电要求。

（3）冷备用状态：是指连接该设备的各侧均无安全措施,且连接该设备的各侧均有明显断开点或可判断的断开点。

（4）检修状态：是指连接设备的各侧均有明显的断开点或可判断的断开点,需要检修的设备已接地的状态,或该设备与系统彻底隔离,与断开点设备没有物理连接时的状态。在该状态下设备的保护和自动装置、控制、合闸及信号电源等均应退出。

2. 二次设备状态

（1）运行状态：是指其工作电源投入,出口连接片连接到指令回路的状态。
（2）热备用状态：是指其工作电源投入,出口连接片断开时的状态。
（3）冷备用状态：是指其工作电源退出,出口连接片断开时的状态。
（4）检修状态：是指该设备与系统彻底隔离,与运行设备没有物理连接时的状态。

三、常用操作术语

（1）单一操作：是指一个操作项完成后,不再有其他相关联的电气操作。
（2）倒母线：是指双母线接线方式的变电站(开关站),将一组母线上的部分或全部线路、变压器倒换到另一组母线上运行或热备用的操作。
（3）倒负荷：是指将线路（或变压器）负荷转移至其他线路（或变压器）供电的操作。
（4）并列：是指发电机（调相机）与电网或电网与电网之间在相序相同,且电压、频率允许的条件下并联运行的操作。
（5）解列：是指通过人工操作或保护及自动装置动作使电网中断路器断开,使发电机（调相机）脱离电网或电网分成两个及以上部分运行的过程。
（6）合环：是指将线路、变压器或断路器串构成的网络闭合运行的操作。

（7）同期合环：是指通过自动化设备或仪表检测同期后自动或手动进行的合环操作。

（8）解环：是指将线路、变压器或断路器串构成的闭合网络开断运行的操作。

（9）充电：是指使空载的线路、母线、变压器等电气设备带有标称电压的操作。

（10）核相：是指用仪表或其他手段核对两电源或环路相位、相序是否相同。

（11）定相：是指新建、改建的线路或变电站在投运前，核对三相标志与运行系统是否一致。

（12）代路：是指用旁路断路器代替其他断路器运行的操作。

（13）综合令：是指发令人说明操作任务、要求、操作对象的起始和终结状态，具体操作步骤和操作顺序项目由受令人拟订的调度指令。只涉及一个单位完成的操作才能使用综合令。

（14）单项令：是指由值班调度员下达的单项操作的操作指令。

（15）逐项令：是指根据一定的逻辑关系，按顺序下达的综合令或单项令。

（16）操作票：是指进行电气操作的书面依据，包括调度指令票和变电操作票。

（17）操作任务：是指根据同一个操作目的而进行的一系列相互关联、依次连续进行的电气操作过程。

（18）双重命名：是指按照有关规定确定的电气设备电压等级、中文名称和编号。

（19）模拟预演（模拟操作）：是指为保障倒闸操作的正确和完整，在电网或电气设备进行倒闸操作前，将已拟定的操作票在模拟系统上按照已定操作程序进行的演示操作。

（20）复诵、唱票：复诵是指将对方说话内容进行的原文重复表述，并得到对方的认可。唱票是指监护人根据操作票内容（或事故处理过程中确定的操作内容）逐项朗诵操作指令，操作人朗声复诵指令并得到监护人认可的过程。

四、常用操作动词

由于我国幅员广大，各地方口音相差悬殊。此外，由于有些汉语词汇，有多种不同解释。当用某一词汇表达某一概念时，其他人容易发生误解。为防止以上原因而造成的发、受命令的错误，所以电气运行倒闸操作必须使用标准的操作术语与动词，如表3.1所示。

表 3.1

被操作设备	动　　词
断路器	断开、合上
隔离开关、接地刀闸	拉开、合上
继电保护、自动装置压板	投入、停用、切换、退出
熔断器	投上、取下
接地线	装设、拆除
标示牌	悬挂、取下

另外，在操作中阿拉伯数字"0"读为"洞"；"1"读为"腰"；"2"读为"两"；"7"读为"拐"。

五、操作票制度

1. 操作票的概念及作用

操作票是指进行电气操作的书面依据,包括调度指令票和变电操作票。

一般的倒闸操作都需要进行十几项甚至几十项操作,要完成这样复杂的操作过程,仅靠经验和记忆是办不到的。血的教训告诉我们:操作中的稍一疏忽和失误都将造成人身或设备的事故。操作票的作用就是保证操作的正确性,防止误操作的发生。实践证明,执行操作票制度是防止误操作的有效措施之一。

2. 变电操作票的格式(见表3.2)

表3.2 ＿＿＿＿＿＿变电站电气操作票　　　盖章处

编号:

发令单位			发令人		
受令人			受令时间	年 月 日 时 分	
操作开始时间	年 月 日 时 分		操作结束时间	年 月 日 时 分	
操作任务					
预演√	顺序	操作项目			操作√
备注					
操作人		监护人		值班负责人	

3. 操作票内容

变电站（发电厂）变电操作票"操作项目"栏主要填写以下内容：
（1）断开、合上的断路器和拉开、合上的隔离开关；
（2）检查断路器和隔离开关的位置；
（3）合上隔离开关前检查断路器在断开位置；
（4）拉开、合上接地开关；
（5）检查拉开、合上的接地开关；
（6）装设、拆除的接地线及编号；
（7）继电保护和自动装置的调整；
（8）检查负荷分配；
（9）投入或取下二次回路及电压互感器回路的熔断器；
（10）断开或合上空气开关；
（11）检查、切换需要变动的保护及自动装置；
（12）投入、退出相关的二次连接片；
（13）投入、退出断路器等设备的操作电源、控制电源；
（14）投入、退出隔离开关电动操作电源；
（15）在具体位置检验确无电压（合接地开关、装设接地线前）；
（16）对于无人值班变电站的操作，应根据操作任务核对相关设备的运行方式；
（17）装设或拆除绝缘挡板或绝缘罩；
（18）核对现场设备的运行状态；
（19）线路检修状态转换时，操作后悬挂和拆除标示牌。

4. 操作票填写规范（见表3.3）

表3.3 操作票填写规范

操作票项目	填写内容	填写说明
编　号	填写操作票顺序号	1. 手工票（不带五防）：手工填写或计算机打印。 2. 微机"五防"装置图形开票时自动生成编号。 3. 操作票编号按照7位阿拉伯数字编号，其中前两位为年号，后五位为操作票顺序号，如：1400001～1499999。 4. 无人值班变电站操作票按站分别编号。
发令单位	发令人所在机构的简称	填写发令人所在机构的简称：如总调、中调、地调、县调、配调和××变电站。
发令人	发出电气操作指令人员的姓名	发出电气操作指令的人员指：副值及以上调度员或本值值班负责人。
受令人	接受调度指令的值班人员	接受调度操作任务的人员：必须是当值正值及以上人员。

续表 3.3

操作票项目	填写内容	填写说明
受令时间	接受调度指令的时间	1. 年月日按照年4位、月2位、日2位填写。 2. 时、分按24小时制2位填写。
开始操作时间	执行操作项目第一项的时间	
操作结束时间	完成最后一项操作的时间	
操作任务	明确设备由一种状态转为另外一种状态，或者由一种运行方式转为另一种运行方式	1. 一份电气操作票只能填写一个操作任务。所谓一个操作任务是指根据同一个操作目的而依次进行的一系列相互关联的操作。 2. 一个操作任务不得拆分成若干单项操作。 3. 操作票内所填写的操作项目必须采用双重名称，即设备的名称和编号。 4. 设备双重命名前加电压等级。 5. 无人值班变电站的操作票在任务前加变电站名称，例如：将平坝变110 kV两平线101断路器由运行转检修。
顺　序	按操作项目顺序编号	统一使用阿拉伯数字（1、2、3……）。
操作√	√	每操作完一项立即划红色"√"。
备　注		填写操作中存在的问题或因故未执行、中断操作等情况说明。
盖章处	操作票在使用过程中根据不同情况需要盖四种印章。"此项未执行"、"已执行"、"未执行"、"作废"。	1. 操作票中某一操作项目因故未能执行，应经值班负责人确认后，在该项目栏对应的"操作√"处盖"此项未执行"章，并在备注栏内说明原因。 2. 一份操作票单页或多页时，因故连续多项未执行，在每页第一个未执行项对应的"操作√"处盖"此项未执行"章，并在当页备注栏内说明。 3. 操作票全部执行或仅部分执行，结束后在盖章处加盖"已执行"印章，一份操作票多页时，每页均盖"已执行"印章。 4. 合格的操作票全部未执行，在盖章处加盖"未执行"印章，并在首页备注栏内说明原因，一份操作票多页时，每页均盖"未执行"印章。 5. 不合格且未执行的操作票在盖章处加盖"作废"印章，一份操作票多页时，每页均盖"作废"印章。

续表 3.3

操作票项目	填写内容	填写说明
操作项目	操作的具体内容	1. 应按逻辑顺序逐行填写，不得空行。当操作内容结束的下一行为空行时，则填写"以下空白"；操作项目正好在当页填写完毕时，不另起一页，也不填写"以下空白"。 2. 填写操作票应正确使用调度术语，设备名称编号严格按照双重命名填写。 3. 操作项目不得并项填写，一个操作项目栏内只应该有一个操作动词。 4. 操作票多页时，在前一页操作项目栏留一空白行，填写"下接×××号操作票"字样，在后一页第一项操作项目栏留一空白行，填写"上接×××号操作票"字样。 5. 操作票操作项目栏内填写的内容，应包含以下方面的内容： （1）断开、合上的断路器和拉开、合上的隔离开关； （2）检查断路器和隔离开关的位置； （3）拉合隔离开关前检查断路器在断开位置； （4）拉开、合上接地开关； （5）检查拉开、合上的接地开关； （6）装设、拆除的接地线及编号； （7）继电保护和自动装置的调整； （8）检查负荷分配（主变压器及双回或多回线路进行停电操作前后，检查另外的主变或线路不过负荷）； （9）取下或投上二次回路及电压互感器回路的熔断器； （10）断开或合上空气开关； （11）检查、切换需要变动的继电保护及自动装置； （12）投入、退出相关的二次连接片（包括监控后台机的软连接压板）； （13）投入、退出断路器等设备的操作电源、控制电源； （14）投入、退出隔离开关电动操作电源（操作电源在隔离开关拉、合时才能投入）； （15）在具体位置检验确无电压（合接地开关、装设接地线前）； （16）对于无人值班变电站的操作，应根据操作任务核对现场设备的运行状态，在操作项目的第一项统一填写"核对运行方式"； （17）装设或拆除绝缘挡板或绝缘罩； （18）线路检修状态转换时，操作后悬挂和拆除标示牌； （19）线路检修转运行合断路器前一项，单独填写一项"联系调度"； （20）在设备由冷备用转热备用或运行操作时，必须在合隔离开关前填写检查保护投入情况，如：检查 220 kV 站进线 201 断路器保护按整定书要求确已投入。 6. 一般操作动词： （1）合上：是指各种断路器、隔离开关、空气开关通过人工操作使其由分闸位置转为合闸位置的操作；

续表 3.3

操作票项目	填写内容	填写说明
操作项目	操作的具体内容	（2）断开：是指各种断路器、空气开关通过人工操作使其由合闸位置转为分闸位置的操作； （3）拉开：是指各种隔离开关、接地开关通过人工操作使其由合闸位置转为分闸位置的操作； （4）装设地线：是指通过接地短路线使电气设备全部或部分可靠接地的操作； （5）拆除地线：是指将接地短路线从电气设备上取下并脱离接地的操作； （6）投入或停用、切换、退出：是指使继电保护、安全自动装置、故障录波装置等设备达到指令状态的操作； （7）取下或投上：是指将熔断器退出或嵌入工作回路的操作； （8）悬挂或取下：将临时标示牌放置到指定位置或从放置位置移开的操作； （9）调整：是指变压器调压抽头位置或消弧线圈分接头切换的操作等； （10）投上或切除：是指将二次回路的连接片接入或退出工作回路的操作； （11）验电：用合格的相应电压等级验电工具验明电气设备是否带电； （12）切换：将继电保护及自动装置连接压板或转换开关功能（或方式）改变的操作。 7. 小车开关操作动词： （1）小车开关本体的操作动词，统一用"操作至"； （2）保护或电源插件，统一用"拔出"或"插入"。 8. 在隔离开关与接地开关（接地装置）联动的设备，只填写隔离开关的操作事项，不填写接地开关的操作事项。 9. 不便用验电器直接验电的验电项填写： （1）硬母线验电项填写："检查连接 220kVⅡ组母线上所有隔离开关确在拉开位置且锁闭"； （2）封闭式设备验电项填写： ① 有带电显示器的： a. 在断开断路器前填写："检查×××kV×××线路带电显示器指示有电"； b. 在合接地开关前分项连续填写："询问调度×××kV×××线路确已停电" "检查×××kV×××线路带电显示器显示确无电压" ② 无带电显示器的，在合接地开关前填写："询问调度×××kV×××线路确已停电"。
操作人	操作人姓名	操作人亲笔签名（含电子签名）。
监护人	监护人姓名	监护人亲笔签名（含电子签名）。
值班负责人	值班负责人姓名	值班负责人亲笔签名。无人值班变电站可经电话确认后由监护人代签名或电子签名。

六、倒闸操作的一般原则

（1）倒闸操作要根据值班调度员发布的操作命令执行。

① 值班调度员发布的操作命令有综合操作命令和系统操作命令两种。值班员接受命令时应搞清楚操作命令种类和具体操作内容。

② 当变电所由几级调度分级管辖时，应注意调度的管辖范围。在正常情况下，不应执行调度对非管辖范围设备的操作命令。

③ 现场值班员在同时接到多级调度的操作命令时，在人员不足或其他原因不能同时执行时，应向各方调度汇报，由调度各方协商后决定执行哪一级调度命令。

④ 紧急情况下，为了迅速消除电气设备对人身和设备安全的直接威胁，或为了迅速处理事故、防止事故扩大、实施紧急避险等，允许不经调度许可执行操作，但事后应尽快向调度汇报，并说明操作的经过及原因。

（2）发布和接受操作任务时，必须互报单位、姓名，使用规范术语、双重命名，严格执行复诵制，双方录音。

（3）倒闸操作必须由两人进行，其中对设备较为熟悉者作为监护人，另一人作为操作人。

① 一个操作任务中途严禁换人，严禁做与操作无关的事，监护人应自始至终认真监护。

② 操作中要严格执行监护制度，及时纠正操作人在操作中可能出现的错误操作。同时，当在操作中发生意外时，监护人可及时地对其进行救护。

③ 特别重要和复杂的倒闸操作要由熟练的值班员操作，并由值班负责人监护。

（4）倒闸操作必须有合格的操作票，操作时要严格按操作票顺序执行。但在下列情况下值班员可以不填操作票操作。

① 事故处理；

② 拉开、合上断路器、二次空气开关、二次回路开关的单一操作；

③ 投上或取下熔断器的单一操作；

④ 投、切保护（或自动装置）的一块连接片或一个转换开关；

⑤ 拉开全厂（站）唯一合上的一组接地开关（不包含变压器中性点接地开关）或拆除全厂（站）仅有的一组使用的接地线；

⑥ 寻找直流系统接地或摇测绝缘；

⑦ 变压器、消弧线圈分接头的调整。

注：以上操作完成后应记录在操作记录中。

（5）倒闸操作要执行逐级停送电的原则。

① 设备停电时要先停负荷侧后停电源侧，由下向上逐级进行。在各侧都为电源的情况下，要按其重要程度先停次要侧电源，再停主要侧电源。送电时与此相反。

② 对单个开关控制的元件倒闸操作时，停电操作必须先拉开关，后拉非母线侧刀闸，再拉母线侧刀闸，接地刀或接地线要最后操作或装设。送电合闸操作应与上述相反。

（6）倒闸操作一般要在自然环境良好且负荷低谷时进行，要使倒闸操作后系统负荷分配及系统潮流方向合理，继电保护及自动装置配置与一次系统运行方式相适应。

下列情况下应尽量避免操作：
① 值班员交接班时；
② 系统接线不正常时；
③ 系统负荷高峰时；
④ 雷雨大风等恶劣天气时；
⑤ 系统发生事故时；
⑥ 有特殊供电要求时；
⑦ 保护和自动装置不满足要求时。
（7）雷电时禁止进行户外操作（远方操作除外）。
（8）电气操作应尽可能避免在交接班期间进行，如必须在交接班期间进行者，应推迟交接班或操作告一段落后再进行交接班。
（9）禁止不具备资格的人员进行电气操作。
（10）电气设备转入热备用前，继电保护必须按规定投入。
（11）电网解列操作时，应首先平衡有功与无功负荷，将解列点有功功率调整接近于零，电流调整至最小，使解列后两个系统的频率、电压波动控制在允许范围内。
（12）电网并列操作必须满足以下三个条件：
① 相序、相位一致；
② 频率相同，偏差不得大于 0.2 Hz；
③ 电压相等，调整困难时，500 kV 电压差不得大于 10%，220 kV 及以下电压差不大于 20%。
（13）相位相同方可进行合环操作。
（14）合、解环操作不得引起元件过负荷和电网稳定水平的降低。
（15）合环时 500 kV 的电压差一般不应超过额定电压 10%，220 kV 电压差不应超过额定电压 20%。合环操作一般应检查同期合环，有困难时应启用合环断路器的同期装置检查相角差。合环时相角差 220 kV 一般不应超过 25°，500 kV 一般不应超过 20°。
（16）一次设备不允许无保护运行。一次设备带电前，保护及自动装置应齐全且功能完好、整定值正确、传动良好、连接片在规定位置。
（17）系统运行方式和设备运行状态的变化将影响保护的工作条件或不满足保护的工作原理，从而有可能引起保护误动时，操作之前应提前停用这些保护。
（18）倒闸操作前应充分考虑系统中性点的运行方式，不得使 110 kV 及以上系统失去接地点。
（19）原则上不允许在无防误闭锁装置或防误闭锁装置解锁状态下进行倒闸操作，特殊情况下解锁操作须经变电运行部门主管领导批准，操作前应检查防误闭锁装置电源在投入位置。
（20）多回并列线路，若其中一回需停电，应考虑保护及自动装置的调整，且在未断开断路器前，必须检查其余回线负荷分配，确保运行线路不过负荷。

七、断路器、隔离开关操作要领

1. 断路器操作要领

（1）凡电动合闸的断路器，不允许带电手动合闸（慢合闸）。

（2）遥控操作断路器时，不得用力过猛，以防损坏控制开关，也不得返回太快，以保证断路器的足够合、断时间。

（3）当断路器分、合闸后，运行值班人员应从各方面检查被断开断路器触头的实际位置和外部指示是否符合，红绿灯指示、机构指示、仪表指示等是否正确。

（4）断路器检修前必须断开控制电源和合闸电源空气开关。检修后投运前应该检查各项指标是否符合规定要求，并合上各电源空气开关。

（5）断路器控制电源必须待其回路有关隔离开关操作完毕后才退出，以防止误操作时失去保护电源。

（6）断路器分闸后应断开断路器合闸电源空气开关，断路器两侧隔离开关拉开后再断开断路器控制电源开关。

（7）断路器分闸操作时，若发现断路器非全相分闸，应立即上该断路器。

（8）断路器合闸操作时，若发现断路器非全相合闸，应立即拉开该断路器。

（9）发生拒动的断路器未经处理不得投入运行或列为备用。

2. 隔离开关操作要领

（1）手动合刀闸时应迅速而果断。合闸终了时不能用力过猛，防止损坏支持绝缘子或合闸过头。在合闸过程中如果产生电弧，要毫不犹豫地将刀闸继续合上，禁止将刀闸拉开。

（2）手动拉开刀闸时，特别是刀闸刚离开固定触头时，应缓慢而谨慎，整个过程要按着由慢到快再到慢的原则进行，防止刀闸脱轮。在操作过程中若产生电弧，在弧光未断开前，应立即反向合上刀闸，并停止操作。

（3）在切断小容量变压器空载电流、切断一定长度架空线路、切断电缆线路的充电电流、或经环网解环时，当使用刀闸进行操作均会产生一定长度的电弧。此时应迅速将刀闸拉开，以便尽快熄弧。

（4）刀闸经操作后，必须检查其分、合闸位置是否正确。合时检查三相刀片接触良好，拉开时三相断开位置符合要求，防止由于操作机构发生故障或调整不当，出现操作后三相

第二节　操作票执行

一、填写操作票

（1）操作票由操作人进行填写，操作人员应以上级命令为依据，根据实际现场的模拟系统图预先想好操作的内容与顺序，在操作前填写操作票。

（2）手工操作票用蓝色或黑色的钢笔或圆珠笔填写，预演"√"和操作"√"均使用红色笔。计算机打印的操作票正文采用四号、宋体、黑色字，使用计算机票，开票前必须检查二次系统与现场设备使用情况相符，不许直接使用典型操作票作为现场实际操作票。操作票票面应清楚、整洁，字迹工整易辨认，不得涂改，操作内容无歧义。

（3）填写操作票应正确使用调度术语，设备名称编号应严格按照现场标示牌所示双重命名填写。

（4）一份操作票只能填写一个操作任务。一项连续操作任务不得拆分成若干单项任务而进行单项操作。

（5）如一页票不能满足填写一个操作任务项目时，应紧接下一张操作票进行填写，在前一页操作票下面留一行空白行，填写"下接××号操作票"字样。操作票连续多页时操作任务只填写在第一页对应栏。

（6）操作人（填票人）、监护人（审核人）和值班负责人应当在审核操作票后，正式操作之前手工签名。姓名的填写必须按照值班表上所列名单填写全名。无人值班站的变电操作票，值班负责人可以电子签名或通过电话签名，电话签名时双方必须录音。

（7）时间的填写统一按照公历的年、月、日和 24 h 制填写。一张票的所有时间填在该票的首页对应栏目内。

（8）新设备启动投运时的倒闸操作，按新设备启动投运方案顺序进行。

（9）操作项目不得并项填写，一个操作项目栏内只应该有一个动词。

（10）使用计算机票，开票前必须检查二次系统与现场设备使用情况是否相符；不许直接使用典型操作票作为现场实际操作票。

（11）一个操作项目栏内只有一个受令单位。一个受令单位的连续多项操作，受令单位栏可以只写于该连续的第一项，但是调度操作指令票翻页后，无论受令单位是否发生变化都应填写受令单位。

二、审查操作票

（1）调度指令票填写完毕后，必须由正值调度员审核合格后，由填票人、审核人（监护人）和值班负责人共同签名后，方可视为可执行调度指令票。

（2）变电操作票填写完毕后，实行"三审"制度：操作票填写人自审、监护人初审、值班负责人复审。三审后的操作票在取得正式操作令后执行。

三、执行操作票

（1）值班调度员下达调度指令应按已审核批准的调度指令票逐项进行。凡需上一个单位操作完成后下一个单位才能进行下一步操作的，值班调度员应在接到上一个单位操作完成汇报后方可对下一个单位按调度指令票下达操作指令。

（2）严禁由两个调度员同时按照同一份调度指令票分别对两个单位下达调度指令。

（3）严禁约时操作。

（4）值班调度员逐项下达操作指令后，对每一项操作应及时填写发令人、发令时间、受令人，在现场执行完成情况汇报后应及时填写完成时间、汇报人。

（5）变电操作票的执行应根据值班调度员或值班负责人的命令，按照准备好的操作票，由监护人持操作票、操作人持操作用具进行操作。

（6）倒闸操作应坚持操作之前"三对照"（对照操作任务和运行方式填写操作票、对照模拟图审查操作票并预演、对照设备名称和编号无误后再操作）；操作之中"三禁止"（禁止监护人直接操作设备、禁止有疑问时盲目操作、禁止边操作边做其他无关事项）；操作之后"三检查"（检查操作质量、检查运行方式、检查设备状况）。

（7）操作过程中原则上不得解除防误闭锁进行操作，特殊情况下解锁操作须经变电运行部门主管领导批准。

（8）变电操作时，应履行唱票、复诵制。操作人、监护人双方确认无误后再进行操作。操作过程中，监护人应对操作人实施有效监护。

（9）执行变电操作票应逐项进行，逐项打"√"，严禁跳项操作，每项操作完毕，应检查操作质量。对于第一项、最后一项应记录实际的操作时间。

（10）特殊情况下，在不影响后续操作且取得值班负责人和调度许可的前提下，可以不执行的项目，应在变电操作票备注栏注明原因。

（11）当变电操作票不符合调度指令要求时，应重新填写变电操作票。

（12）变电操作临时变更时，应按实际情况重新填写变电操作票才能继续进行倒闸操作。

（13）执行大量远方操作的母线停电等大型操作，允许增加现场位置检查人和现场检查监护人。现场位置检查人的职责只能是检查设备位置、状态，停送隔离开关操作电源。

（14）允许同一变电站有多组操作人员同时进行没有逻辑关系的倒闸操作任务，但接受调度指令应为同一值班负责人。

（15）一组操作人员只能同时持有一个操作任务的变电操作票进行操作。

（16）操作中发生疑问时，应立即停止操作并向值班负责人报告，必要时由值班负责人向当值值班调度员报告，弄清问题后再进行操作。严禁擅自更改变电操作票。

（17）操作中如有异常应及时处理并汇报调度。操作中发生事故时应立即停止操作，事故处理告一段落后再根据调度命令或实际情况决定是否继续操作。

（18）操作票的操作项目全部结束后，监护人应立即在操作票上填写结束时间，并向发令人汇报操作结果。

（19）操作票中某一项操作项目因故未能执行，应经值班负责人确认后，调度指令票在该项目栏对应"完成时间"和"汇报人"处盖"此项未执行"印章，变电操作票在该项目"操作√"栏加盖"此项未执行"印章，并在备注栏内加以说明，同时记录在值班记录簿中。若该项操作影响到以后的操作，应重新填写操作票。

（20）严禁凭记忆进行操作。

四、结束操作票

（1）操作票全部执行或仅部分执行，结束后在盖章处加盖"已执行"印章。

（2）合格的操作票全部未执行，在盖章处加盖"未执行"印章，并在备注栏内说明原因。

（3）错误操作票在盖章处加盖"作废"印章。

（4）倒闸操作后所需记录包括运行工作记录和调度操作指令记录，具体见表3.4和表3.5。

表 3.4　运行工作记录

　　　　　　　　　年　　月　　日　　星期　　　　天气

值班负责人		值班员	
时	分	内　　容	
交接班时间		年　　月　　日　　时　　分	
交班负责长		交班人员	
接班负责长		接班人员	

填写说明：

按时间顺序记录本值工作内容，记录内容及要求如下：

① 本值中受理的调度指令、设备检修、预试、校验等有关工作内容（工作票号，工作负责人姓名，工作内容，设备验收情况，设备能否投运的结论，遗留缺陷及运行中注意事项）。

② 本值中进行的设备停送电操作，有关安全措施的布置情况（接地线装设位置编号，已合上的接地刀闸）。

③ 事故发生的时间、原因，断路器及自动装置动作情况，事故处理经过。

④ 巡视中发现的缺陷，隐患汇报及处理情况。

⑤ 调度和上级有关通知。

⑥ 交接班内容。

⑦ 每一项内容均要另起一行。

⑧ "交接班时间"：由接班人员填写，既是上一个班值班结束时间，也是本班值班起始时间。

⑨ 交接班签全名，不得他人代签或不签。

表 3.5　调度操作指令记录

受令时间				发令人	操作任务	操作目的	受令人	监护人	操作人	票号	操作项数	累计项数
月	日	时	分									

填写说明：
① 按表格内容如实准确按照时间顺序填写。
② 受令时间以接受操作指令且复诵核对正确后的时间为准。
③ 操作任务栏、操作目的栏应简明、清楚，准确使用调度术语。操作目的应填写如下内容：清扫、限电、处理缺陷、倒换运行方式，事故处理，更换设备、预试、大修、保护试验、调度要求等。
④ "操作项数"栏应填写操作票面已操作的项目数量。单项操作计算一次。
⑤ 累计项数栏填写每年累计安全操作次数。
⑥ 年份记录在第一页填写。

第三节　倒闸操作基本程序及基本流程

一、倒闸操作基本程序

变电所值班员在操作中必须严格按着操作程序进行操作，这样就可以保证操作的安全、正确。下面分别对操作过程的每一步加以说明。

1. 接受预令

倒闸操作要根据调度员及值班负责人的命令进行操作，操作是从预令下达时开始的。接受预令人可以由有受令权的值班员担任，受令人受令时要认真记录并复诵，发令人发布命令时应准确、清晰，使用正规操作术语。传令时发令人、受令人应互通姓名，并记录预令的内容、日期及时间。值班员接受完预令后，向调度复诵无误方可结束。

2. 填写操作票

操作人根据操作任务的要求，结合当时的现场运行方式、设备运行状态，准确无误地核对一次系统模拟图，根据一次系统图由操作人填写操作票。同时要考虑由于运行方式的变化，对一次及二次系统（继电保护）带来的影响。前一班的操作任务未完成时，接班的操作人员必须认真细致地审查其操作票，确认无误后，由当班操作人、监护人、班长签字后执行。大型复杂操作（如：改变运行方式、倒母线、全所停电、多回路同时停电等）所长（运行专工）必须审查签字。

3. 审核操作票

填写好的操作票应互相审查核对。操作人填好操作票后首先自己核对，然后交给监护人审核，最后交给值班长审核。特别重要复杂的操作应由所长（专工）审查。若发现错误应盖上"作废"章，重新填写操作票。

4. 交代操作注意事项

正式操作前，值班负责人应向操作人员交代、指明操作注意事项（如保护的变动、联系调度项等）。

5. 执行正式令

接受调度正式发布的操作命令，应由值班长或有受令权的值班员进行。接受调度发令时应该录音并复诵，在操作票上填上发令人、受令人姓名及发令时间。

6. 模拟预演

值班员在接到调度下达的正式预令后，由操作人、监护人按操作票顺序逐项在模拟图板上预演，其目的是：① 对操作票的正确性进行最后检查、把关；② 熟悉将要进行的操作过程；③ 使实际操作后的系统与模拟系统保持一致。预演时也要执行唱票、复诵制度。

7. 复审签字

经过模拟预演后的操作票，应经操作人、监护人、值班长再一次审查无误后签字，准备正式操作。

8. 操作前的准备

操作前应准备必要的安全用具、工具、钥匙等。检查绝缘工具无损坏，核对试验日期；操作高压设备应戴绝缘手套，应检查手套无损坏和漏气；接地线应完好；钥匙编号应与操作的电气设备名称编号相符；验电器应与使用电压等级相符并合格；雨天时应穿绝缘靴。

9. 实施实际操作

操作时监护人唱票，操作人手指设备名称，编号复诵。核对无误后，监护人发出"对，解锁！"令，操作人即进行解锁。操作人解锁后，手握操作把手，待监护人发出"对，执行！"令，操作人即按正确的方法进行操作。操作时，操作人在前，监护人在后。自始至终认真执行监护制。操作时严格执行"四对照"。

10. 检查操作设备

为了确保按操作票顺序进行操作，在每操作完一项后，监护人应在该项上打一个"√"。同时，两人一起检查被操作设备的状态。应达到操作项目的要求。如设备的位置指示器、信号指示灯、表计等情况，以确定操作的正确性。

11. 汇报调度

全部操作完后,监护人应对操作项目进行全面检查,以防漏项,全部操作完成应在操作票上记录终了时间,并由值班负责人汇报调度。

12. 操作终结

操作完成后,操作人应在操作票上盖"已执行"章,将此项操作记录在运行记录本中。操作票要收好以备查,全部操作即为终结,同时对此次操作总结评价。

二、倒闸操作基本流程

1. 倒闸操作基本流程图(见图 3.1)

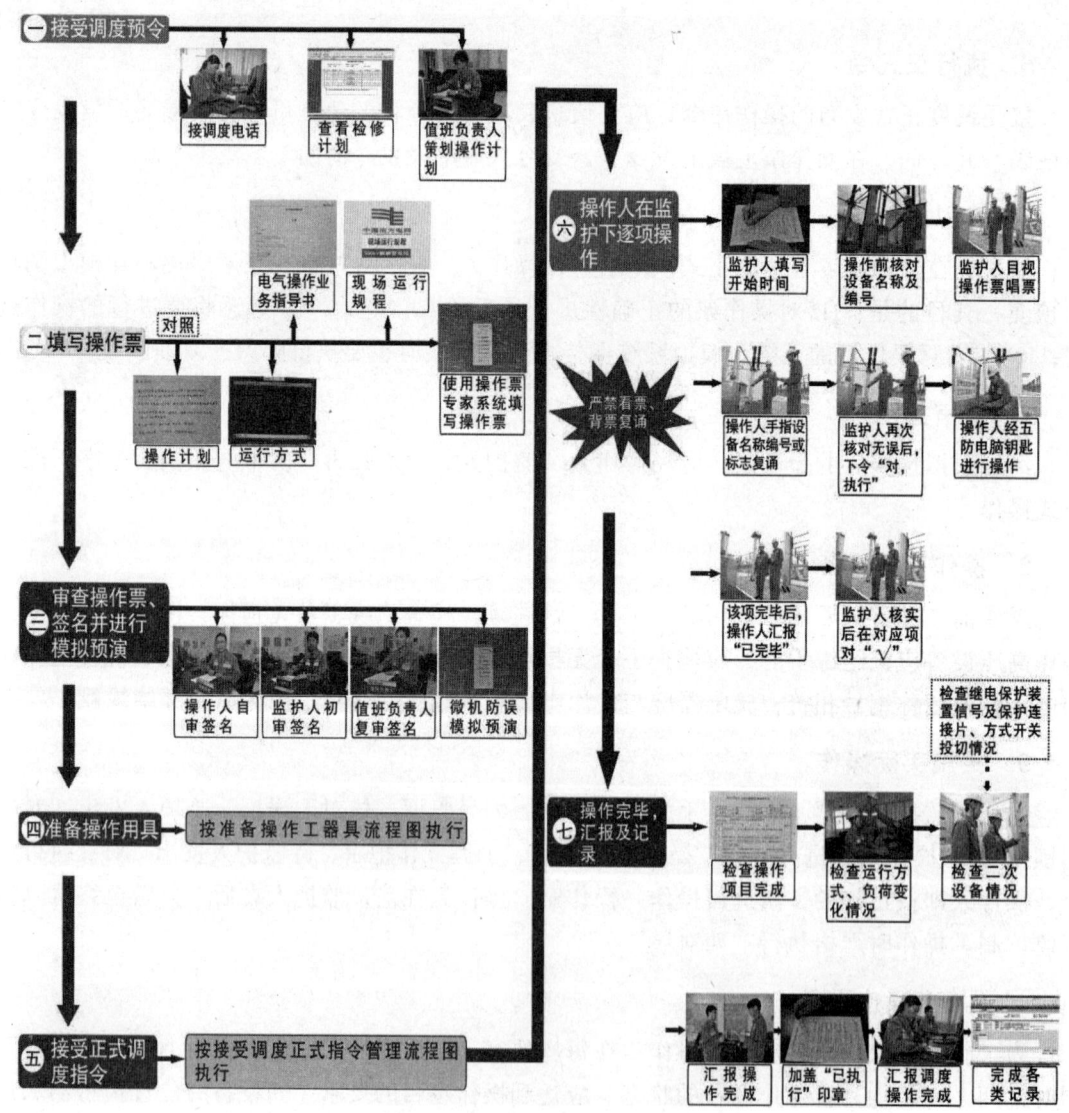

图 3.1 倒闸操作基本流程图

2. 准备操作工器具流程（见图 3.2）

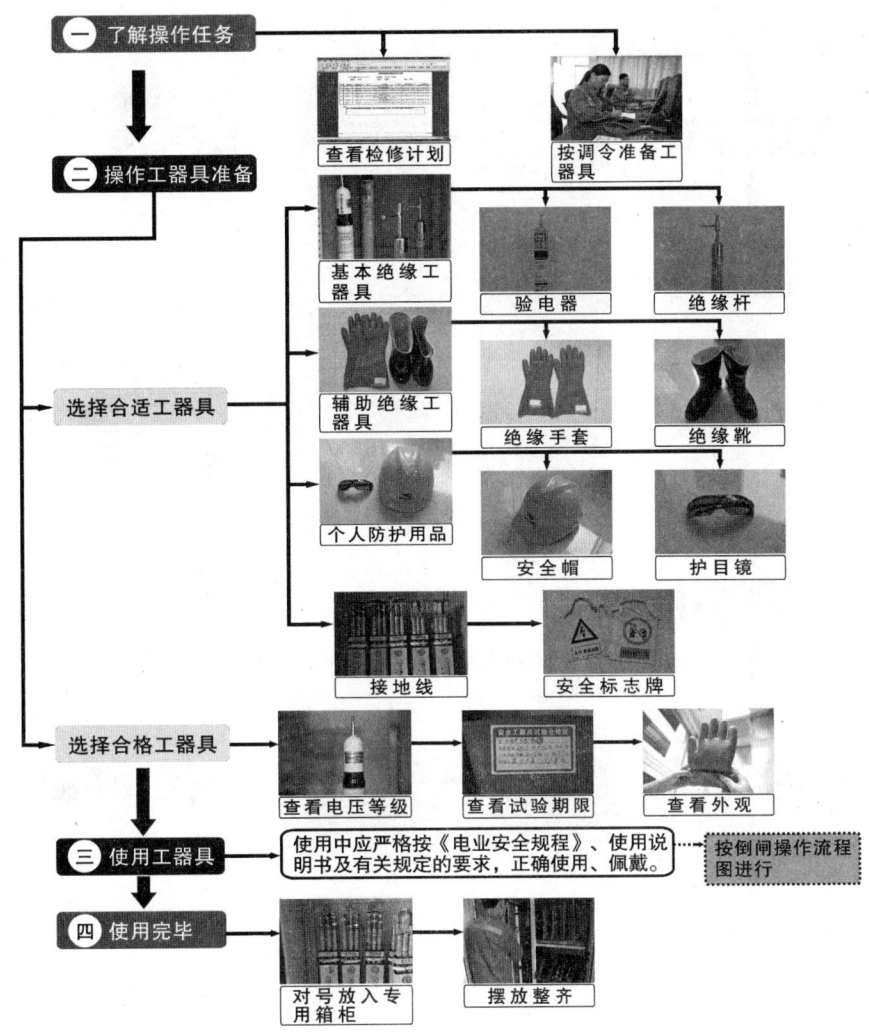

图 3.2 准备操作工器具流程图

工器具检查标准：

（1）安全帽：应在使用期限内，帽壳无破损、裂纹，帽衬及下颌带完好，与安全帽帽壳连接可靠。

（2）绝缘手套：应在有效试验周期内，无龟裂、老化、无发粘，表面及内部清洁、无潮湿等现象，卷曲试验检查时无漏气现象。

（3）220 kV、110 kV 验电器：应在有效试验周期内，绝缘杆无龟裂、脏污、受潮等情况，验电器发光及声响完好，电池电量充足，报警声无时断时续的情况。

（4）接地线：应在有效试验周期内，绝缘杆部分无龟裂、脏污、受潮等异常现象，软铜线部分无断股、松股现象，接线鼻子与软铜线的压接应紧固，接地软铜线与绝缘杆的连接螺丝紧固完好，接地端与导电端线夹完好。

（5）操作棒：应在有效试验周期内，无破损、裂纹，表面清洁、无潮湿等现象。

3. 接受调度正式指令流程（见图 3.3）

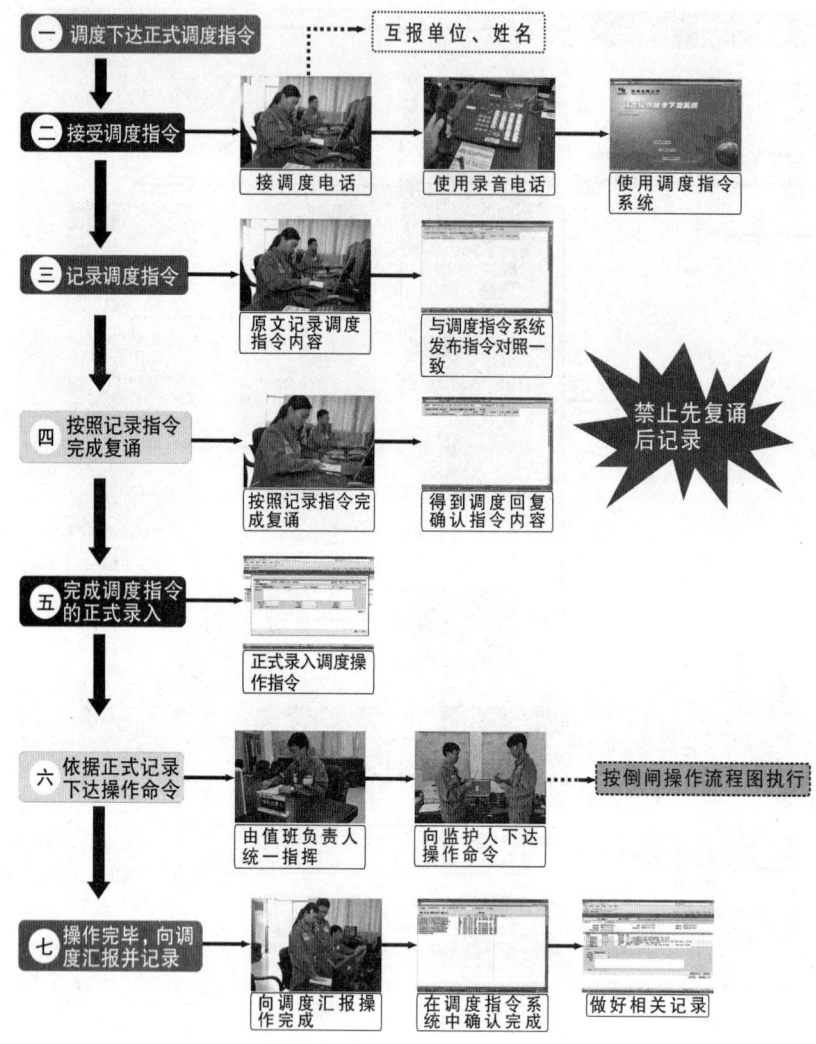

图 3.3 接受调度正式指令流程图

第四节　电气防误操作闭锁装置

在电力生产过程中尽管从组织措施上通过"两票"制度来防止电气误操作，但由于人的行为中有许多不确定因素，使电气误操作事故时有发生。所以必须从技术上采取强制性的措施，以有效防止电气误操作事故。防止误操作的闭锁装置（简称防误装置）是保证安全生产的必不可少的技术措施。凡有可能引起误操作的高压电气设备，均应装设防误装置，已装设的防误装置应投入运行，加强管理，确保能正常运行。新扩建的发、变电工程中采用的防误装置，应做到与主设备同时投运。对已投产尚未装设防误装置的设备，应予以加装。

防误操作系统可以有效地防止电气误操作，闭锁方式经历了机械连锁，电气连锁和微机防误闭锁等形式，发展到今天的网络防误闭锁，目前应用较广的微机防误操作系统能够最大程度的防止误操作的发生。

一、基本概念

1. 防误装置的定义

为防止发生误入带电间隔、误操作电气设备，在电气设备及其自动化控制系统上安装的对电气设备操作流程、操作位置进行闭锁和提示的装置。即有错误操作时，自动闭锁，不再接受新的操作指令，从而防止系统受损。

防误装置有以下几种类型：微机防误、电气闭锁、电磁闭锁、机械连锁、机械程序锁、机械锁。

目前较广泛应用在生产实际中的大多为微机防误装置。

2. "五防"的定义

（1）防止带负荷拉合隔离开关。（断路器、负荷开关、接触器合闸状态不能操作隔离开关）。

（2）防止误分、合断路器。（只有操作指令与操作设备对应才能对被操作设备操作）。

（3）防止带接地线或接地开关合闸。（只有当接地开关处于分闸状态，才能合隔离开关或手车才能推进至工作位置，才能操作断路器、负荷开关闭合）。

（4）防止带电挂地线或合接地隔离开关。（只有在断路器分闸状态，才能操作隔离开关或手车才能从工作位置退至试验位置，才能上接地开关）。

（5）防止误入带电间隔。（只有隔室不带电时，才能开门进入隔室）。

二、防误闭锁系统的原理

微机防误操作系统的防误原理是根据电力系统对倒闸操作的"五防"要求和现场设备的状态，按照"电力"五防规则进行判断、推理，开出完全实用的倒闸操作票，将操作票传送到电脑钥匙，然后拿电脑钥匙到现场对断路器、隔离开关、接地刀闸、临时接地线、网门等设备进行倒闸操作。将电脑钥匙插入电编码锁中，如操作设备的编号和电脑钥匙显示的编号一致，则电脑钥匙内部接通操作回路，解除闭锁，允许操作，工作原理如图3.4所示。

微机防误闭锁系统不但能对断路器、隔离开关、接地刀闸进行闭锁，还能对临时接地线、网门等进行闭锁；"五防"工作站与现场设备之间没有电缆连接，断路器通过电编码锁闭锁，隔离开关、接地刀闸和临时接地线、网门通过机械编码锁闭锁，所有编码锁均有一把电脑钥匙操作，每一步操作电脑钥匙都给出相应的提示；"五防"系统与监控系统实时通信，能及时准确地反映设备的当前状态，判断该设备能进行哪些操作，无论是在远方操作还是到现场进行操作，该系统都能正确地进行"五防"判断，为正确进行倒闸操作提供了可靠的保证。微机防误闭锁系统作为防止电气误操作的重要设备，在保证电力企业安全生产的过程中起到重要的作用。

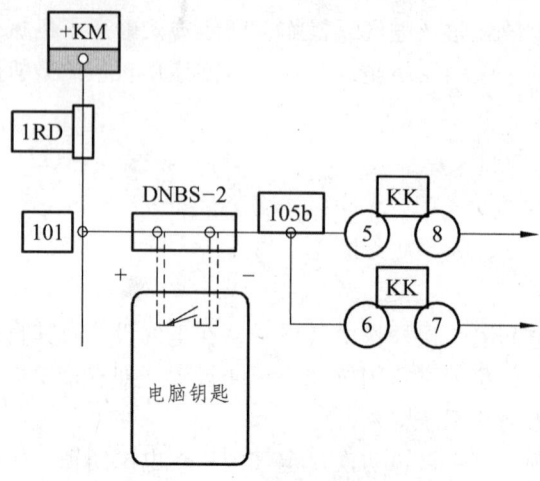

图 3.4　电编码锁闭锁原理图

三、微机防误闭锁系统的组成

新型微机防误闭锁系统以 PC 机（控制主机）为核心，由主机（PC 机）、大屏幕显示器、电脑钥匙（FKYD）、通讯适配器、五防编码锁及解锁工具组成，如图 3.5 所示。

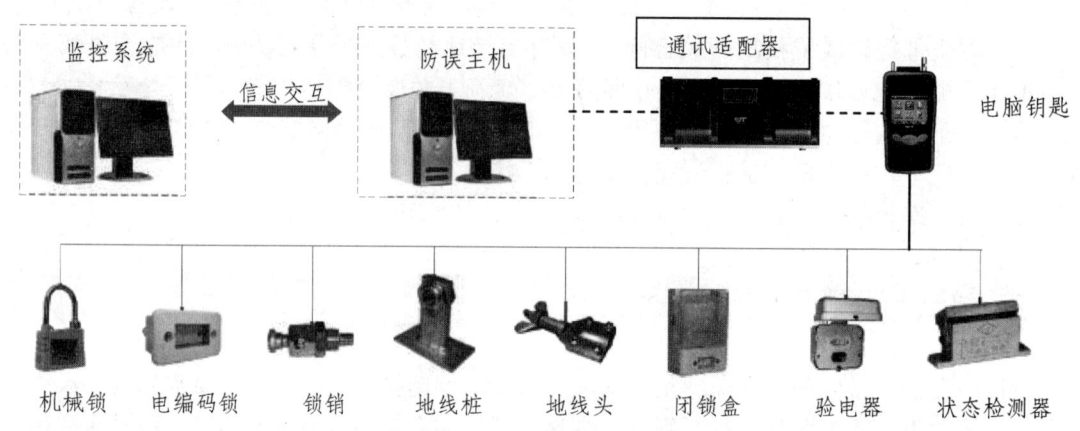

图 3.5　新型微机防误闭锁系统

防误主机主要功能有：人机交互的操作界面；对位功能，检查接线图与现场设备状态是否一致（实遥信）；开票验票功能，开出操作票并进行预演，主机根据预先储存的闭锁规则对每项操作进行判断；传输操作票功能，将正确的操作票内容传输到电脑钥匙中以进行解锁、倒闸操作。

传输适配器的功能：接收主机的操作票并传输给电脑钥匙；接收电脑钥匙操作完成后的信息并回传给主机；电脑钥匙智能充电。

电脑钥匙主要功能：识别锁编码、开锁、记忆设备状态、回传信息、语音提示。

电编码锁是一种具有电接点和编码片的电气锁具，通过接通或断开电气控制回路，对电气设备进行闭锁的器件。

主机中内装图形模拟系统、操作票专家系统、智能语音系统、操作管理系统，电脑钥匙通过通讯适配器与主机相连。经过改造后的五防系统是电站综合自动化系统下的一个子系统，它利用网络技术，通过与监控系统连接，完成监控后台五防功能下的对位、操作和闭锁；通过主机与电脑钥匙通讯和传送程序，对现场编码锁进行开闭操作，从而实现现场五防功能下的对位、操作和闭锁。

该系统一是采用了先进的图形模拟系统，以大屏幕显示器替代传统模拟屏作为系统的操作界面，配置通讯适配器实现模拟操作、操作票传输、五防闭锁、仿真培训等功能；二是采用数据库结构，系统可维护性好，可自行绘制与修改主接线图，可定义与修改五防闭锁关系程序，扩容方便，可扩展性强；三是配置操作票专家系统，并具有打印、显示、存储、删除操作票和操作权限分级管理等功能；四是通过与监控系统通讯接口，实现了与现场一次设备实时在线自动对位功能；五是配置智能语音系统，提供从模拟预演到现场倒闸操作全程的语音提示，并能以专业五防术语智能化提示错误操作类型。

四、防误闭锁的方式

常规防误闭锁方式主要有4种：机械闭锁、程序锁、电气联锁和电磁锁。这些闭锁方式在防误工作中发挥了积极作用，经过多年的使用和运行考验，各种传统闭锁方式的优缺点均已充分显示。

1. 机械闭锁

机械闭锁是在开关柜或户外闸刀的操作部位之间用互相制约和联动的机械机构来达到先后动作的闭锁要求。机械闭锁在操作过程中无需使用钥匙等辅助操作，可以实现随操作顺序的正确进行，自动地步步解锁。在发生误操作时，可以实现自动闭锁，阻止误操作的进行。机械闭锁可以实现正向和反向的闭锁要求，具有闭锁直观，不易损坏，检修工作量小，操作方便等优点。

然而机械闭锁只能在开关柜内部及户外闸刀等的机械动作相关部位之间应用，与电气元件动作间的联系用机械闭锁无法实现。对两柜之间或开关柜与柜外配电设备之间及户外闸刀与断路器（其他闸刀）之间的闭锁要求也鞭长莫及。所以在开关柜及户外闸刀上，只能以机械闭锁为主，还需辅以其他闭锁方法，方能达到全部五防要求。

2. 程序锁

程序锁（或称机械程序锁）是用钥匙随操作程序传递或置换而达到先后开锁操作的要求。其最大优点是钥匙传递不受距离的限制，所以应用范围较广。程序锁在操作过程中有钥匙的传递和钥匙数量变化的辅助动作，符合操作票中限定开锁条件的操作顺序的要求，与操作票中规定的行走路线完全一致，所以也容易为操作人员所接受。

程序锁在使用中所暴露的问题是：某些程序锁功能简单，只能在较简单的接线方式下采用，由于不具备横向闭锁功能，在复杂的接线方式下根本不能采用；具有较灵活闭锁方式的程序锁虽然能满足复杂的接线，但在闭锁方案中必须设置母线倒排锁，使得操作过程十分复杂；在大容量的变电站中，隔离开关分合闸采用按钮控制电动机正反转，而程序锁对按钮无法进行程序控制；程序锁也需要众多的程序钥匙，由于安装不规范、生产工艺及材料差等问题，使程序锁易被氧化锈蚀、发生卡涩，致使一定时间内失去闭锁功能；倒闸操作中，分、合两个位置的精度无法保证；程序锁使用时，必须从头开始，中间不能间断。所以程序锁现在已不采用。

3. 电气闭锁

电气闭锁是通过电磁线圈的电磁机构动作，来实现解锁操作，在防止误入带电间隔的闭锁环节中是不可缺少的闭锁元件。电气闭锁的优点是操作方便，没有辅助动作，但是在安装使用中也存在以下几个突出问题：电磁锁单独使用时，只有解锁功能没有反向闭锁功能。需要和电气联锁电路配合使用才能具有正反向闭锁功能；作为闭锁元件的电磁锁结构复杂，电磁线圈在户外易受潮霉坏，绝缘性能降低，增加了直流系统的故障率；需要敷设电缆，增加额外施工量；需要串入操作机构的辅助触点，辅助触点容易产生接触不良而影响动作的可靠性；在断路器的控制开关上，一般都缺少闭锁措施。

4. 微机防误闭锁装置

自 20 世纪 90 年代初，微机技术就进入了防误闭锁领域。微机防误闭锁装置是一种采用计算机技术，用于高压开关设备防止电气误操作的装置。经过 10 多年的发展，微机防误闭锁装置已逐渐成熟，并已在电力系统中广泛推广。微机防误系统通过软件将现场大量的二次闭锁回路变为电脑中的五防闭锁规则库，实现了防误闭锁的数字化，并可以实现以往不能实现或者是很难实现的防误功能，应该说是电气设备防误闭锁技术的最新技术和飞跃。

五、微机防误闭锁的一般操作流程

当值班员接到操作任务时，首先以合法的用户身份登录到系统，然后在系统接线图上以点击将要操作设备的方式对操作过程进行模拟，如果被点击的设备的操作不符合"五防"逻辑则拒绝将该操作加入到操作票中，并给出拒绝加入的原因；安装有操作票专家系统时，在模拟过程中系统还会自动或以手动选择、输入的方式插入二次操作及提示型操作，预演结束后可通过传输适配器将所预演的操作票内容传输到电脑钥匙中，将操作票打印出来，运行人员退出登录，然后就可以持操作票及电脑钥匙到现场进行倒闸操作。

操作时，值班员按照操作票的顺序进行操作，当遇到需要手动操作的一次设备时，按照电脑钥匙的提示将电脑钥匙插入相应的编码锁内，通过其探头检测操作的对象是否正确，若正确则显示正确提示信息，同时开放其闭锁回路或机构，这时就可以进行倒闸操作；当遇到需要由监控系统操作的设备时，则应按照电脑钥匙的提示将电脑钥匙插回到传输适配器的传输口，监控操作结束并且设备实际变位后，按照提示从传输适配器上拔下电脑钥匙，然后继续下一步操作；当遇到需要对遥控闭锁控制器或遥控闭锁装置解锁的操作时，则应按照电脑钥匙的提示将电脑钥匙插回到传输适配器的传输口，待解锁成功后再进行操作（手动或电动）；若在操作过程中将电脑钥匙插入错误的编码锁内，则不能进行开锁操作，同时电脑钥匙发出持续的报警声以提醒操作人员，从而达到强制闭锁的目的。全部操作结束后，将电脑钥匙插回传输适配器传输口，并将操作结果回传。

1. 电脑钥匙有票顺序操作

在主机系统软件中，预先编写电气一次主接线图和所有设备的操作规则，并将其固化在存储器中。当运行人员在显示器上模拟操作时，主机根据已有的专家系统对每项操作进行智能判断，若操作正确，则允许进行下一步操作，若操作错误，则提示操作人员进行更正。模拟操作结束后，通过通讯适配器将正确的操作内容输入到电脑钥匙中，运行人员通过电脑钥匙中的程序到现场按步操作，从而实现强制闭锁。操作结束后，电脑钥匙通过通讯适配器自动将操作信息传输给主机存贮，以便查询考核。

2. 电脑钥匙无票防误操作

这是一种智能解锁的工作模式，适应于紧急非常任务（事故处理）有限时间操作。在这种特殊情形下，钥匙允许操作人员不进行模拟预演，利用钥匙内部记忆的运行状态，及固化的专家系统进行实时分析判断，直接对现场设备进行智能解锁。由于钥匙内部固化有防误操作规则及记忆有最近的设备运行状态，因而不会造成误操作。当然这种操作方式，必须注意钥匙内部存贮的运行状态，要与现场设备运行状态保持一致，同时对断路器的解锁要特别谨慎。

3. 监控后台有票顺序操作

这种操作方式与电脑钥匙有票顺序操作类似，在显示器上模拟完成后，选择在监控后台操作，此时五防系统操作权限对监控系统开放，运行人员在监控系统主接线图上选择要操作的设备，输入监护人员和操作人员的用户名和密码后便可按顺序操作。

4. 特殊情况下的万能解锁操作

这种操作方式只有在五防系统不能正常使用或其他异常情况下才能使用，实际上就是在退出五防系统的情况下进行操作，它要求操作人员严格按照有关管理程序执行。其方式有两种：一是在监控后台使用紧急解锁按钮退出五防闭锁后，进行远方操作；二是使用万能解锁钥匙到现场进行强行解锁操作。

六、微机防误闭锁特点

（1）具备"五防"功能，适应复杂结线，锁具简单，维护方便。

（2）就地操作：电编码锁对电动操作设备的就地操作回路实施强制闭锁；采用机械编码锁对手动操作设备的操作机构实施强制闭锁。

（3）远方操作：采用通讯闭锁方式对监控系统的遥控操作实施软闭锁；不能对远方遥控操作实施强制闭锁。

（4）根据需要灵活编写闭锁逻辑。

七、防误主机主要功能

（1）人机交互的操作界面。

（2）位功能：检查接线图与现场设备状态是否一致（实遥信），即直接从现场采集到的设备状态，只接收来自监控系统设备状态。

（3）开票验票功能：可提供"自定义手工开票"、"典型操作票调用"、"图形模拟操作开票"、"预存操作票调用"等多种开票方式。开出的操作票可包含一、二次设备操作项及检查、测量、验电、提示等特殊操作项，开出操作票并进行预演，主机根据预先储存的闭锁规则对每项操作进行判断。

（4）传输操作票功能：将正确的操作票内容传输到电脑钥匙中以进行解锁、倒闸操作。

（5）智能语音提示功能：在模拟预演及倒闸操作的全过程中，图形模拟系统及电脑钥匙均能以清晰明确的语音给出操作提示，指导运行人员正确使用系统和操作设备，并可根据实际需要进行特殊语句的编译；同时对错误的操作，能以专业五防术语智能化提示错误类型，如"带电挂地线"、"带负荷拉隔离开关"等，实现了系统的仿真培训功能。

（6）电脑钥匙智能解锁功能：该功能使得现场遇有事故处理等需要紧急操作的情况时，操作人员可不经模拟预演，直接持电脑钥匙到现场，凭借事先记忆的全站一次设备状态及钥匙本身自带的逻辑规则进行判断和解锁，保证了系统在上述紧急情况下不退出闭锁，既有效防止了误操作，又确保了时效。同时，智能解锁操作的全过程，完全凭借电脑钥匙本身的功能实现，无需人为干预（确认断路器状态等），操作流畅、解锁可靠。

八、电气设备微机防误系统的维护管理

（1）在日常维护和使用时，一定要按厂家的要求做到位，站长及值班长应监督。

（2）制定微机防误系统管理制度，并宣贯到每一位值班员；制定万能钥匙的管理规定。比如将解锁钥匙放在五防解锁钥匙管理机里，并明确规定使用解锁钥匙的办法和有权使用的人员名单（五防解锁钥匙管理机的钥匙只能每个班的值班长持有）；并建立解锁原因的记录簿，定期进行分析考核。

（3）微机防误系统上所做的设备状态必须与现场一致，若设备重新命名，则微机防误系统上相关内容必须同步进行更改，及时将微机防误钥匙进行自学。

（4）将微机防误系统纳入交接班内容，每值交接班时必须将微机防误系统作为交班内容，并进行设备状态、通讯状态、微机防误钥匙充电情况检查。

（5）微机防误系统的主机硬盘接口全部用封条封死，防止其他人员在微机防误主机上使用U盘、移动硬盘等。

（6）微机防误系统上开出的操作票应尽量避免值班员手工录入，所以当有对操作票中某些内容有新的要求时，站长或五防专责应及时按新的要求进行五防系统中相关内容的更改。

（7）微机防误系统必须设置专人管理，一般由变电站的站长或五防专责进行管理，并设置密码权限，每个班的值班长应具有操作员用户权限，值班员应具有设备对位权限，通讯设置权限，这样当有操作预令时，值班员可以设置设备状态及微机防误系统与监控系统的通讯，提前准备好操作票。注意开预令票结束后，及时将五防系统与监控系统的通讯恢复。

（8）加强微机防误系统的培训，做好微机防误闭锁系统使用的培训工作是保证倒闸操作安全的又一关键。所以要制订培训计划，保证每一位值班员都能熟练使用。

（9）当使用微机防误系统在操作时发生故障或异常时，应立即停止操作，及时汇报变电站运行当值班值负责人，并汇报站长及变电管理所领导，须解锁操作的应按规定执行解锁操作，并做好记录。

（10）防误装置的缺陷管理应与主设备的缺陷管理相同，当防误装置失灵时，应立即用机械锁代替，防误装置的缺陷应作为紧急缺陷上报。

第五节 线路倒闸操作

一、线路停送电操作原则

线路停送电一般应遵守以下操作原则：

（1）停电前，应先将线路的负荷倒由备用电源供电；对于联络线或双回线，调度要事先调整好潮流再拉断路器，免得过负荷或电压异常波动。

（2）停电、送电操作的规定。

① 单回线停电：先退重合闸，后断断路器；先拉线路侧隔离开关，后拉母线侧隔离开关。单回线送电操作顺序与停电时相反。

② 双回线停、送电时，要考虑对线路零序保护和横差（平衡）保护的影响。双回变为单回运行时，横差（平衡）保护要停用，防止一回线停电造成另一回线横差（平衡）保护误动。双回线停电：退出重合闸，先断发电厂侧断路器，后断变电所侧断路器。先拉线路侧隔离开关，后拉母线侧隔离开关；将横联差动保护运行线路的跳闸压板断开。双回线送电操作顺序与停电时相反；送电后，待两条线路电流相等，再将线路重合闸及横联差动保护的跳闸压板投入。

③ 线路送电时，开关合闸前必须检查继电保护是否已按规定投入，并保证有足够灵敏度。合闸后必须检查确认开关三相均已接通。

（3）只有停电线路两端的断路器、隔离开关均拉开，并经验电确无电压后，方可在线路上挂地线（或合接地隔离开关），做安全措施。送电前，所有单位（发电厂、变电所、线路、用户）均报告完工后，调度方可下令拆地线（或拉接地隔离开关），拆安全措施，准备送电。

二、线路停电拉、合线路隔离开关顺序

线路停电，先拉开线路侧隔离开关，再拉开母线侧隔离开关。这样拉开隔离开关的顺序是为了保证操作的安全，同时它作为一项倒闸操作的原则必须认真执行。

只要断路器可靠地断开，操作人员保证不走错间隔，无论先操作哪一组隔离开关都是安全的。之所以非要规定一个先后操作顺序，主要考虑万一断路器未断开。发生隔离开关带负荷拉闸后的影响及事故处理问题，同时兼顾人们长期在倒闸操作中形成的习惯：停电，先从负荷侧开始操作；送电，先从电源侧开始操作。

1. 停电先拉线路侧隔离开关 QS2

如断路器 QF1 未拉开，等于带负荷拉开 QS2，则故障点 K1 在线路上，如图 3.6（a）所示。可以利用本线路的保护跳开 QF1，切除故障点。此时，不影响其他设备运行。

如果线路保护或 QF1 拒动不能切除故障点，虽引起越级使电源侧断路器 QF 跳闸，造成母线全停（双母线，装有线路断路器失灵保护的，只影响一条母线的运行）。但只要拉开母线隔离关 QS1 即可隔离故障点，恢复送电时不需要倒母线。操作少，恢复送电所需时间短，事故处理快。

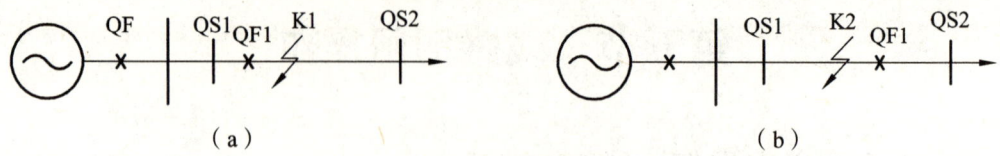

图 3.6　带负荷拉隔离开关故障示意图

2. 停电先拉母线侧隔离开关 QS1

如断路器 QF1 未拉开,等于带负荷拉开 QS1,则故障点 K2 在母线上,如图 3.2(b)所示,母线差动保护可以切除故障点。恢复母线送电时,对于单母线只有甩开 QS1 的引线,才能隔离故障恢复送电;对于双母线,倒母线后才能给故障母线上的其他停电设备送电。使操作步骤多,停电时间长,事故处理麻烦。

同理,线路送电如断路器在合位,发生隔离开关带负荷合闸,先合 QS1,后合 QS2,故障点也在线路上,对事故处理及恢复送电也都比较有利。

三、线路重合闸的使用及配合

1. 线路操作时重合闸的使用

线路重合闸装置一般都是按照"不对应"方式来启动的。如图 3.7 所示,即使重合闸开关 SR 不断开,手拉线路断路器控制开关 SA,重合闸也不会动作合闸。因拉 SA 时,SA 的触点 21、23 已切断了中间继电器 K1,K1 的触点 6、8 就断开了重合闸启动回路。

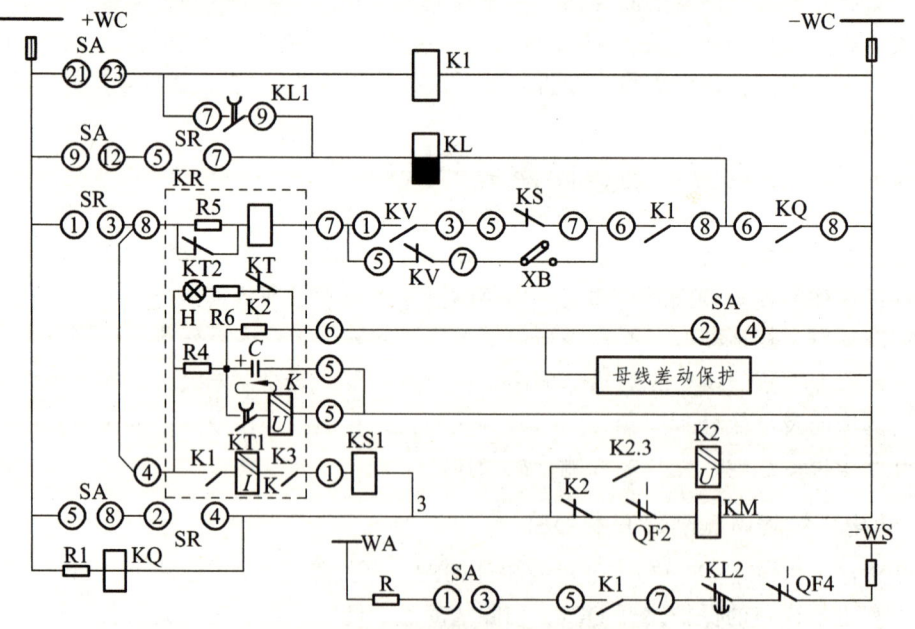

图 3.7　线路同期检定重合闸接线

但是,线路停电前要退出重合闸装置(断开重合闸开关 SR)。其目的是:

(1)为线路恢复送电提前进行的准备操作。如果 SR 不断开,对于装有同期检定重合闸的断路器,线路送电时,因 SR 的触点 2、4 未接通,虽 SA 的触点 5、8 接通,却不能合闸。

（2）如果重合闸的放电回路有故障（R6 断线，或 SA 的触点 2、4 接触不良），停电时拉 SA，重合闸电容器 C 将不能放电，线路带重合闸送电，如线路有预伏故障，断路器跳闸将造成不必要的重合。

考虑以上两点，线路停电前就把 SR 断开，以免出现问题。线路送电后，一切正常后再投入重合闸装置。

2. 重合闸投入的配合

为了保证安全运行，线路重合闸投入前，值班人员必须注意重合闸与设备同期检定方式及继电保护等方面的配合。

（1）断路器遮断容量（电流）必须配合。在电网实际的运行方式下，断路器的遮断容量（电流）必须满足切断故障后再进行一次重合的要求。

（2）线路重合闸之间检定方式必须配合。对于单电源线路或电流检定的双回线，其重合闸无需配合；对于双电源采用无压检定或同期检定的重合闸，其检定方式要正确配合，以免发生拒动或非同期重合。现分以下两种情况加以说明。

① 正确的配合。图 3.8（a）中，按"无压—同期—无压—同期"或"同期—无压—同期—无压"配合。不管在什么情况下都不会发生错误动作，且总是投无压检定的断路器先重合，投同期检定的断路器后重合。

② 错误的配合。图 3.8（b）中，按"无压—同期—同期—无压"配合。K 点故障时 QF3 拒动，QF1、QF4 跳闸，因线路上无电压，造成 QF1、QF4 的无压检定重合闸装置同时启动，使两系统发生非同期重合闸。

（3）重合闸装置的动作与继电保护装置的后加速必须配合。一般情况，线路的重合闸装置投入的同时，其继电保护装置的后加速压板均应投入，一旦重合于永久性故障上，后备保护可加速动作，跳开断路器，以减少事故的影响。对于重合闸装置已投同期检定方式的线路，其阻抗保护后加速压板可不投入，以免重合后系统出现冲击或振荡，使阻抗保护第三段（即启动元件）经后加速回路动作于跳闸，失去重合的意义。

（4）重合闸的重合方式必须配合。联络线两侧的重合闸装置必须具备相同的重合方式。例如，都投单相重合，或都投三相重合。

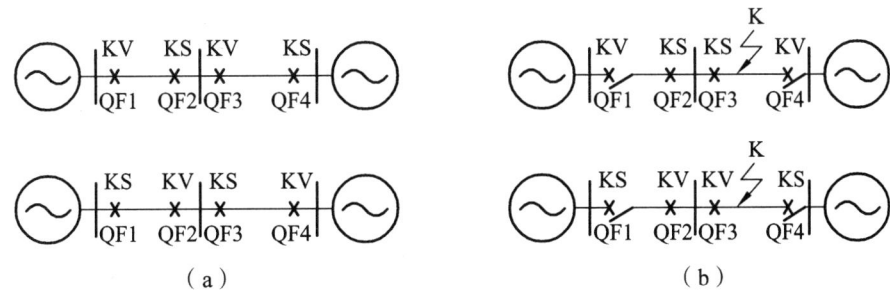

图 3.8　重合闸检定方式的配合（KV 为无压，KS 为同期）

（5）重合闸要与主设备的运行要求相配合。三相快速重合闸装置对大机组轴系寿命的潜在威胁很大。因此，与发电厂相连的线路，禁止使用三相快速重合闸装置。单相快速重合闸装置对机组寿命影响较小，允许投入使用。

3. 线路重合闸装置的停用

运行中，如果重合闸装置继续投入，可能危及设备安全或产生错误重合时，则必须将其停用。一般包括以下几种情况：

（1）重合闸装置异常时；

（2）断路器灭弧介质及机构异常，但可维持运行时；

（3）断路器切断故障电流次数超过规定次数时；

（4）线路带电作业要求停用自动重合闸装置时；

（5）线路有明显缺陷时；

（6）对线路充电时；

（7）其他按照规定不能投重合闸装置的情况。

四、实训项目

要求：按照贵州电力职业技术学院 220 kV 实训变电站一次接线图（见附录一）和运行方式，填写操作票，并按照倒闸操作流程执行操作票。

（一）操作任务一：110 kV 实训 I 回线由运行转检修

1. 操作思路及要求

（1）退出线路重合闸。

（2）停电：开关设备（断路器及隔离开关）操作完，需检查其位置；隔离开关操作前需合上其操作电源空气开关，操作后要断开其操作电源空气开关。

（3）验电：要求写明具体位置。

（4）装设接地线（或合接地刀闸）：在某处验明确无电压后，要求立即在该处装设接地线（或合接地刀闸），中间严禁干其他工作，防止装设接地线时走错间隔。

（5）悬挂标示牌：要求写明标示牌名称及悬挂的具体地点。

2. 操作票（见表 3.6）

表 3.6　　220 kV 实训　变电站电气操作票　　盖章处

编号：1400001

发令单位		发令人				
受令人		受令时间	年	月	日	时　分
操作开始时间	年　月　日　时　分	操作结束时间	年	月	日	时　分
操作任务	110 kV 实训 I 回线由运行转检修					

续表 3.6

预演√	顺序	操作项目	操作√
	1	退出 110 kV 实训 I 回线"重合闸出口连接片"	
	2	断开 110 kV 实训 I 回线 101 断路器	
	3	检查 110 kV 实训 I 回线 101 断路器在分闸位置	
	4	合上 110 kV 实训 I 回线 1013 隔离开关操作电源空气开关	
	5	拉开 110 kV 实训 I 回线 1013 隔离开关	
	6	检查 110 kV 实训 I 回线 1013 隔离开关在拉开位置	
	7	断开 110 kV 实训 I 回线 1013 隔离开关操作电源空气开关	
	8	合上 110 kV 实训 I 回线 1011 隔离开关操作电源空气开关	
	9	拉开 110 kV 实训 I 回线 1011 隔离开关	
	10	检查 110 kV 实训 I 回线 1011 隔离开关在拉开位置	
	11	断开 110 kV 实训 I 回线 1011 隔离开关操作电源空气开关	
	12	在 110 kV 实训 I 回线 1013 隔离开关靠线路侧三相验明确无电压	
	13	立即合上 110 kV 实训 I 回线 1019 接地刀闸	
	14	检查 110 kV 实训 I 回线 1019 接地刀闸在合上位置	
	15	在 110 kV 实训 I 回线 1013 隔离开关操作把手上悬挂"禁止合闸,线路有人工作"标示牌	
		以下空白	
备 注			
操作人		监护人	值班负责人

(二)操作任务二:110 kV 实训 I 回线由检修转运行

1. 线路送电操作注意事项

(1)送电是停电的反操作;

(2)送电前要检查保护在投,严禁无保护送电;

(3)合线路两侧刀闸前,要检查断路器在断开位置;

(4)线路两侧刀闸合上后,在合断路器给线路送电前,要联系调度确认线路可以送电后,方可合上断路器给线路送电。

2. 操作思路

(1)拆除安全措施;

(2)合上母线侧隔离开关;

(3)合上线路侧隔离开关;

（4）联系调度；

（5）合上线路断路器；

（6）投入线路重合闸。

（三）操作任务三：110kV 实训 I 回线 101 断路器由运行转检修

1. "线路停电检修"与"线路断路器停电检修"的区别

（1）检修断路器必须要断开断路器合闸及控制电源空气开关，而检修线路则无此必要。

从最优操作组合来看，在合完地刀后，先悬挂标示牌，再断开合闸电源空气开关，最后断开控制电源空气开关。

（2）验电、装设接地线（或合地刀）的地点不同。

检修断路器时，在断路器两侧都应装设接地线（或合地刀）。注意：若验电、装设接地线（或合地刀）的地点超过两处，应在一处验完电、装设完接地线（或合地刀）后，再在另一处验电、装设接地线（或合地刀）。

（3）检修断路器时，悬挂标示牌不上票。（但若操作任务是线路及断路器由运行转检修，则操作票上仍需体现悬挂标示牌）

2. 操作思路

（1）退出线路重合闸；

（2）断开断路器；

（3）断开断路器合闸电源空气开关；

（4）拉开线路侧隔离开关；

（5）拉开母线侧隔离开关；

（6）断开断路器控制电源空气开关；

（7）验电；

（8）装设接地线（或合接地刀闸）；

（9）悬挂标示牌。

（四）操作任务四：110kV 实训 I 回线 101 断路器由检修转运行

操作思路：

（1）取标示牌；

（2）拉接地刀闸；

（3）合断路器控制电源空气开关；

（4）合上母线侧隔离开关；

（5）合上线路侧隔离开关；

（6）联系调度；

（7）合断路器合闸电源空气开关；

（8）合线路断路器；

（9）投线路重合闸。

第六节　电压互感器倒闸操作

一、电压互感器接线及配置原则

（1）电压互感器是一种特殊的变压器，它将一次回路的高电压变为二次回路的标准电压值，使二次设备和工作人员与一次高压隔离，保证二次设备标准化及人身设备安全。电压互感器有单相和三相两种，三相电压互感器只制成 10 kV 及以下电压等级，单相电压互感器不受电压等级限制。

（2）电压互感器接线形式较多，具体应根据需要而定。在 380 V～35 kV 的系统中，电压互感器一般经过刀闸和高压保险接入电网；在 63～500 kV 的系统中，电压互感器一般经过刀闸接入电网；个别电压互感器直接接入电网。电压互感器的二次侧均经保险或空气开关接至二次设备，且二次绕组均接地。

（3）电压互感器应满足测量、保护和自动装置的要求，保证在运行方式改变时二次设备不失去电压。电压互感器通常配置如下：

① 6～220 kV 电压等级的系统中，每组母线上三相均装设电压互感器。对于线路，当需要监视电压或供同期、保护、重合闸使用时，线路出口处装设一台单相电压互感器。

② 330～500 kV 电压等级的系统中，双母线接线时，在每组母线三相上装设，当需要监视电压或供同期、重合闸使用时，线路出口处装设一台单相电压互感器。一台半断路器接线时，在每回出线三相上装设，母线上装设单相电压互感器供同期和测量用。

二、电压互感器倒闸操作的原则

（1）电压互感器停电时，先拉开二次保险或空气开关，然后拉开电压互感器一次高压保险或刀闸。送电操作与此相反。

（2）电压互感器二次并列时，必须一次先并列，二次后并列。防止电压互感器二次对一次进行反充电，造成二次保险熔断。

（3）只有一组电压互感器的母线。一般情况下电压互感器和母线同时进行停、送电。单独停用电压互感器时，应考虑保护的变动（如距离、方向、振解、低压闭锁保护等）。

（4）当一次系统为双母线或单母线分段时，应有两组电压互感器工作。正常运行情况下，两组电压互感器各接在相应的母线上，二次不并列；当一组电压互感器检修时，停电的电压互感器负荷由另一组母线的电压互感器暂代，电压互感器二次并列运行，并要求两组（两段）母线并列运行。

（5）母线电压互感器检修后或新投运前要"核相"，防止相位错误引起电压互感器二次并列短路。

三、电压互感器倒闸操作的步骤

1. 单母线电压互感器停电的操作步骤

(1) 拉开电压互感器二次保险或空气开关;
(2) 拉开电压互感器一次保险或刀闸;
(3) 布置安全措施。

2. 单母线电压互感器送电的操作步骤

(1) 拆除安全措施;
(2) 合上电压互感器一次保险或刀闸;
(3) 合上电压互感器二次保险或空气开关。

3. 两组母线电压互感器时,某段电压互感器停电的操作步骤

(1) 投入电压互感器二次并列开关(BK);
(2) 检查两段电压互感器并列良好;
(3) 拉开该段电压互感器二次保险或空气开关;
(4) 拉开该段电压互感器一次保险或刀闸;
(5) 布置安全措施。

4. 两组母线电压互感器时,某段电压互感器送电的操作步骤

(1) 拆除安全措施;
(2) 合上该段电压互感器一次保险或刀闸;
(3) 合上该段电压互感器二次保险或空气开关;
(4) 拉开电压互感器二次并列开关(BK)。

四、实训项目

要求:按照贵州电力职业技术学院实训变电站一次接线图(附图1.1)和运行方式,填写操作票,并按照倒闸操作流程执行操作票。

(1) 操作任务一:220 kV Ⅰ组母线电压互感器由运行转检修;
(2) 操作任务二:220 kV Ⅰ组母线电压互感器由检修转运行。

第七节 母线倒闸操作

一、单母线(分段)接线的母线倒闸操作

(一)单母线(分段)接线及特点

单母线(分段)接线是低压配电网的主要接线形式。

1. 单母线（分段）接线的优点

（1）接线简单清晰，需要配备的电气设备少，操作方便。

（2）对于单母线分段接线，一段母线故障或检修时，另一段母线还可以继续工作，且重要负荷可以从不同段上取得电源。

（3）刀闸仅作为检修时隔离电源之用。

（4）当线路开关发生拒动时，与继电保护自动装置配合，两段母线不能全部失压。

2. 单母线（分段）接线的缺点

（1）线路母线刀闸故障或检修时，要停止该段母线上的全部供电。

（2）引出线回路的开关检修时，该回路要停止供电。

（3）可靠性和灵活性较差。

（二）单母线（分段）接线倒闸操作的原则

单母线（分段）接线方式操作比较简单。我们可以把母线系统的操作分解成几个单一操作，线路、主变压器、母线及分段开关可以各写一张操作票，把复杂的操作进行分解达到化繁为简的目的。

（1）停送电操作顺序：停电时先停线路，再停主变压器，最后停分段开关。送电时与此相反。

（2）拉分段开关两侧刀闸时，应先拉停电母线侧的刀闸，后拉带电母线侧刀闸。送电时与此相反。

（3）停电时母线所接电压互感器的操作应在断开分段开关后进行，送电时与此相反，尽量不带电操作。对于可能产生谐振的应采用不同的操作方法，停电时先停电压互感器，送电时后送电压互感器。

（4）对空母线充电前，应投入母线充电保护，充电正常后退出充电保护。

（5）给空母线充电要尽量用分段和主变开关进行，而用哪个取决于充电保护的设置情况。

（三）单母线（分段）接线倒闸操作的思路

1. 某段母线由运行转检修的操作思路

（1）断开该母线电容器开关；

（2）断开该母线线路开关；

（3）断开该母线主变压器母线开关；

（4）断开母线分段开关；

（5）按顺序拉开该母线各出线开关两侧刀闸；

（6）按顺序拉开该母线电压互感器一、二次刀闸和保险；

（7）按顺序拉开该母线所用变压器一、二次刀闸和保险；

（8）布置安全措施。

2. 某段母线由检修转运行的操作步骤

（1）拆除安全措施；

（2）按顺序合上该母线电压互感器一、二次刀闸和保险；
（3）按顺序合上该母线各进线开关两侧刀闸；
（4）合上母线分段开关；
（5）合上主变压器母线开关；
（6）按顺序合上该母线各出线开关两侧刀闸；
（7）合上各出线开关；
（8）按顺序合上该母线所用变压器一、二次刀闸和保险。

二、双母线（分段）接线的倒闸操作

（一）双母线接线（分段）及特点

单断路器双母线（分段）接线在大中型变电所中具有广泛的应用。

1. 单断路器双母线（分段）接线的优点

这种接线具有较高的可靠性和灵活性，表现为：
（1）轮流检修母线时，不中断装置的工作和对用户供电。
（2）检修任一回路母线的刀闸时，只需断开这条回路。
（3）某一母线发生故障，装置能迅速地恢复工作。
（4）任一回路运行中开关拒动或不允许操作，可用母联开关代替该开关。

2. 单断路器双母线（分段）接线的缺点

（1）在倒母线的操作中，使用隔离开关切换有负荷电流的电路，如果在操作过程中违反操作顺序，会发生误操作。
（2）母线发生故障时，将有一半负荷和电源短时停止供电。
（3）拉开任一回路开关和两侧刀闸时，此回路将停电。

（二）双母线（分段）倒闸操作的原则

1. 倒母线操作的原则

（1）双母线倒闸操作主要指倒母线，倒母线分为冷倒母线（冷倒）和热倒母线（热倒）两种形式。

冷倒是指各要操作出线开关在热备用情况下（即停运设备倒母线操作），先拉一组母线侧刀闸，再合另一组母线侧刀闸，即"先拉后合"。

热倒是指各要操作出线开关及母联开关在运行状态下（即运行设备倒母线操作），采用等电位操作原则，先合一组母线侧刀闸，再拉另一组母线侧刀闸，保证在不停电的情况下实现倒母线，即"先合后拉"。

（2）热倒必须先合上母联断路器（原已经合上的，要检查母联断路器在合位），并切断其控制回路电源，使其在倒母线过程中不能自动跳闸，以保证母线隔离开关在并列、解列时满足等电位操作的要求。

如果不将母联断路器直流控制回路电源断开，由于某种原因（误操作、保护动作或直流两点接地），使母联断路器断开，两条母线的电压 $U_{w1} \neq U_{w2}$。此时合第一组母线隔离开关或拉最后一组母线隔离开关，实质上就是用母线隔离开关，对两母线系统环路的并列或解列。环路电压差 $\Delta U = U_{w1} - U_{w2}$，其有效值等于两条母线电源电压的实际之差，可达数百伏甚至数千伏（视当时系统电压及潮流而定）。在母联断路器断开的情况下，母线隔离开关往往因合拉环路电流较大，开断环路电压差 ΔU 较高，拉不开，引起母线短路。因此：① 合母联断路器；② 断开母联断路器直流控制回路电源；③ 检查母联断路器确在合上位置，这三条是倒母线实现等电位操作必备的重要安全技术措施。

（3）在母线隔离开关的合、拉过程中，如可能发生较大火花时，应依次先合靠母联断路器最近的母线隔离开关；拉闸的顺序则与其相反。尽量减小操作母线隔离开关时的电位差。

（4）倒母线时隔离开关操作方法。倒母线时，母线隔离开关拉开有两种操作方法：一种是合上一组备用的母线隔离开关之后，就立刻拉开相应一组工作的母线隔离开关；另一种是把全部备用的母线隔离开关合好后，再拉开全部工作的母线隔离开关。原则上说，这两种方法都可以采用。但绝大多数发电厂、变电所都采用第二种操作方法。

2. 母线停电的注意事项

（1）倒母线之前，应根据继电保护的要求调整母线差动保护运行方式。

（2）倒完母线后，对母线停电操作时，应按照断开母联断路器、拉开停电母线侧隔离开关、拉开运行母线侧隔离开关顺序进行操作。

（3）断母联断路器前，应检查母联断路器的电流表指示为零，以防"漏"倒设备。

（4）为防止母联断口电容可能与母线上电磁式电压互感器发生谐振，可考虑母线与电压互感器不同时投运的方法，即停母线时先停电压互感器，再断母联断路器。

（5）双母线接线当停用一组母线时，要防止运行母线电压互感器对停用母线电压互感器二次反充电，引起运行母线电压互感器二次保险熔断或自动开关断开，使继电保护失压引起误动作。

（6）管型母线不能验电时，必须检查该母线上所有隔离开关在拉开位置，其操作电源均断开。

3. 母线充电的注意事项

（1）给母线充电时一般要用开关进行，所用开关的保护必须能反应各种故障。用母联开关给母线充电时要启动充电保护，充电正常后退出充电保护。

（2）无母联开关或母联开关不能充电时，若需要起用备用母线，同时停用运行母线，应尽量用外来电源对备用母线充电。若无其他手段，则应对备用母线进行外部检查，在确认无故障情况下，先合上备用母线上需运行的所有刀闸，再拉开原运行母线上的刀闸。

（3）为防止发生谐振，投母线时，先给母线充电，再送电压互感器。

三、实训项目

要求：按照实训变电站一次接线图（附图一）和运行方式，填写操作票，并按照倒闸操作流程执行操作票。

（一）操作任务一：实训变220 kV I 母由运行转检修

操作思路：
(1) 检查母联断路器在合闸位置；
(2) 调保护；
(3) 倒母线；
(4) 调保护；
(5) 停电压互感器；
(6) I 母停电；
(7) 验电；
(8) 合地刀。

（二）操作任务二：实训变220 kV I 母由检修转运行

送电是停电的反操作。

第八节　变压器倒闸操作

一、变压器倒闸操作原则

1. 变压器停/送电操作顺序

变压器停电时，先停负荷侧，后停电源侧；送电时与此相反。

变压器送电时，从电源侧充电负荷侧并列的根据：如图 3.9 所示，因为变压器的保护和电流表均装在电源侧，故当变压器送电时，从电源侧充电，负荷侧并列，具有以下优点。

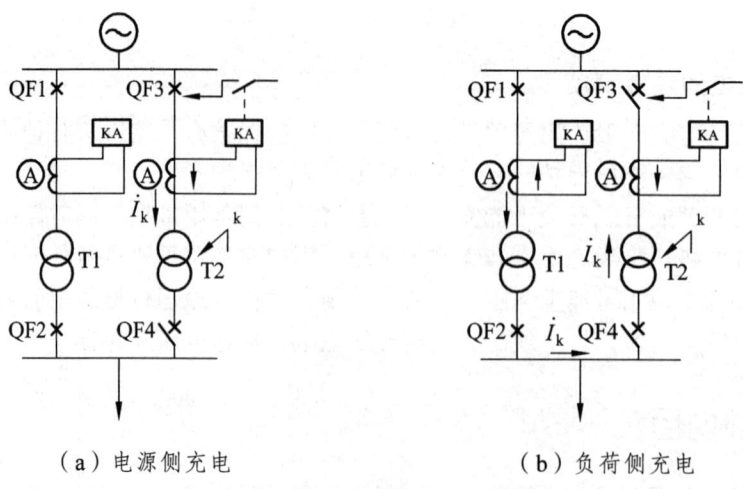

（a）电源侧充电　　　　　（b）负荷侧充电

图 3.9　变压器的充电方式

（1）送电的变压器如有故障，对运行系统影响小。如变压器 T2 投入运行，若从电源侧合 QF3 充电，如图 3.9（a）所示，此时其他故障可通过自身的保护装置动作跳开 QF3，切除故障，对其他设备的运行无影响。假如从负荷侧合 QF4 充电，如图 3.9（b）所示，若 T2 有故障将由运行变压器 T1 的保护装置动作跳开 QF1，切除故障，T1 所带的负荷也同时停电，扩大了事故。即使装有差动保护的大容量变压器，无论从哪一侧充电回路故障均在主保护范围之内，但为了取得后备保护，仍然需要按照电源侧充电，负荷侧并列的操作原则执行。

（2）便于判断事故，处理事故。例如，事故后恢复送电时，合变压器电源侧断路器，若保护动作跳闸，则说明故障在变压器上；合变压器负荷侧断路器，若保护动作跳闸，则说明故障在母线上；合出线断路器，若保护动作跳闸，则说明故障在线路上。虽然都是保护动作跳闸，但故障范围的层次清楚，判断、处理事故比较方便。

（3）可以避免运行变压器过负荷。变压器从电源侧充电，空载电流及所需无功功率由上一级电源供给；从负荷侧充电，空载电流及无功功率将由运行变压器 T1 供给。如运行变压器已满负荷，从负荷侧充电将使 T1 过负荷。

（4）利于监视。电流表都是装在电源侧的，先合电源侧充电，如有问题可从表计上得到反映。

2. 变压器倒闸操作顺序

（1）双绕组升压变压器停电时，应先断高压侧，再断低压侧。送电时的操作顺序与此相反。

（2）双绕组降压变压器停电时，应先断低压侧，再断高压侧。送电时的操作顺序与此相反。

（3）三绕组升压变压器停电时，应按高、中、低的顺序依次断开三侧断路器，再按高、中、低的顺序依次拉开三侧隔离开关。送电时的操作顺序与此相反。

（4）三绕组降压变压器停电时，应按低、中、高的顺序依次断开三侧断路器，再按低、中、高的顺序依次拉开三侧隔离开关。送电时的操作顺序与此相反。

二、变压器停电操作的基本要求

（1）停电前，应先检查主变的负荷分配情况，当一台变压器退出后，保证运行变压器不过负荷。

（2）停电前，应检查高、中、低侧的分段或母联开关在合位，保证主变停电后，该段母线不停电。

（3）停电操作时，依次断开主变三侧断路器后，再拉开三侧隔离开关。

（4）在拉各侧隔离开关前，检查该侧断路器在分闸位置；先拉变压器侧隔离开关，再拉母线侧隔离开关。

三、倒闸操作时对变压器中性点的要求

（1）大电流直接接地系统正常运行时中性点应按调度令决定其投、停（按继电保护的要求设置）。变压器倒闸操作时，必须合上其中性点接地刀闸；原已合上的，也必须要检查其在合上位置。

在大电流接地系统中，为了限制单相短路电流，部分变压器的中性点是不接地的。但拉合变压器时，变压器中性点则需要接地，这主要为了避免产生某些操作过电压，操作时若断路器发生三相不同期动作或出现非对称开断故障，可以避免发生电容传递过电压或失步工频过电压所造成的事故。

（2）变压器倒闸操作后，不应改变系统中性点运行方式及中性点在本站（本厂）接地点的数目。

（3）主变中性点在主变停运期间必须拉开。即主变停电操作后，必须拉开其中性点接地刀闸。

（4）并列运行中的变压器中性点接地刀闸需从一台倒换至另一台运行变压器时，应先合上另一台变压器的中性点接地刀闸，再拉开原来的中性点接地刀闸。

（5）如果变压器中性点带消弧线圈运行，当变压器停电时，应先拉开中性点隔离开关，再进行变压器操作；送电顺序与此相反。禁止变压器带中性点隔离开关送电或先停变压器后拉开中性点隔离开关。

四、仿真练习

要求：按照市北局 110 kV 黄金变电站一次接线图（见附图二）和运行方式，填写操作票，并按照倒闸操作流程执行操作票。

（一）操作任务一：1号主变由运行转检修

操作思路：
（1）检查负荷分配情况；
（2）检查各侧分段断路器在合位；
（3）合1号主变中性点地刀；
（4）依次断1号主变低、中、高三侧断路器；
（5）依次拉1号主变低、中、高三侧隔离开关；
（6）拉1号主变中性点地刀；
（7）验电；
（8）悬挂接地线。

（二）操作任务二：1号主变由检修转运行

1. 变压器送电操作的基本要求

（1）送电操作时，依次合上主变三侧隔离开关，再合上三侧断路器。
（2）变压器投入运行时，应该选择励磁涌流较小的带有电源的一侧充电，并保证有完备的继电保护。
（3）主变合闸送电前，应检查保护在投。
（4）主变检修后恢复送电时，应核对变压器有载调压分接头位置与运行变压器的一致。

2. 操作思路

（1）拆除主变三侧接地线。

(2)合1号主变中性点地刀。
(3)检查保护在投。
(4)依次合1号主变高、中、低三侧隔离开关。
(5)合1号主变高压侧断路器。
(6)检查主变充电正常。
(7)检查1号、2号主变满足并列运行条件。
(8)检查1号主变分接头位置与2号主变一致。
(9)合1号主变中、低压侧断路器。
(10)拉1号主变中性点地刀。

第九节 电容器及电抗器倒闸操作

一、并联电容器、并联电抗器接线及作用

如图3.10(a)所示为并联电容器接线,图3.10(b)所示为母线并联电抗器接线,图3.10(c)所示为超高压线路并联电抗器接线。电容器及电抗器都是电网中无功补偿装置,目的在于平衡系统无功,使电网电压保持在要求的范围内。其中,电容器向电网送出正无功,升高电压,电抗器吸收电网的正无功,降低电网的电压。

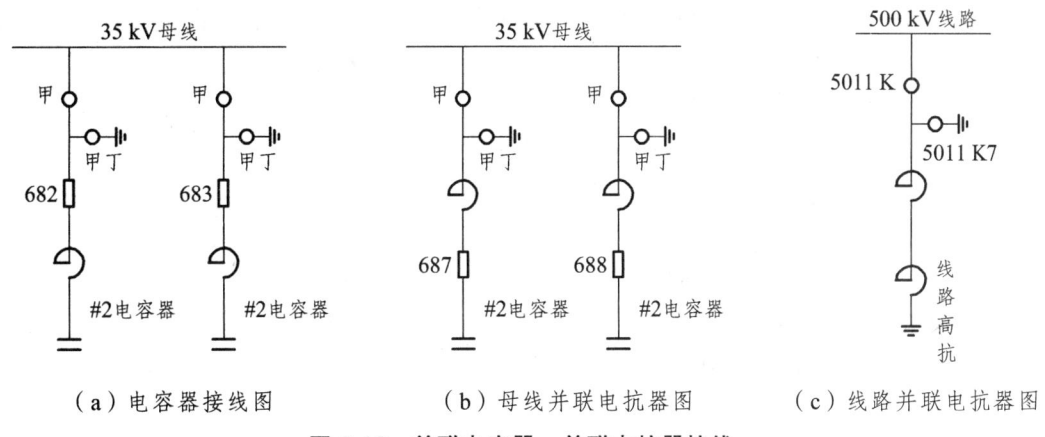

(a)电容器接线图　　　　(b)母线并联电抗器图　　　　(c)线路并联电抗器图

图3.10 并联电容器、并联电抗器接线

二、电容器、电抗器的操作原则

1. 高压电容器的操作原则

(1)电容器应在额定电流下运行,最高不应超过额定电流的1.3倍。
(2)电容器应在额定电压下运行,一般不超过额定值的1.05倍,但亦允许在额定电压的1.1倍下运行4 h,如电容器使用电压超过母线额定电压的1.1倍时,应将电容器停用。

（3）电容器应根据调度下达给变电所的电压曲线自行投、停。

（4）电容器停后若需再投，必须经过充分放电（5 min）后才能投入运行。

（5）电容器停电检修工作，待放电 15 min 后才可验电接地。

（6）母线失压时，电容器若无低压保护，必须先停电容器。

（7）带有电容器组的母线停电时，应先停电容器组，后停负荷线路。送电时与此反。

2. 母线并联电抗器的操作原则

（1）母线并联电抗器应按调度命令投、停。

（2）带有母线并联电抗器的母线停电或主变停电，一般先停母线或主变压器。送电时与此相反。防止主变充电时电压过高。

3. 线路并联电抗器的操作原则

（1）线路并联电抗器一般随线路一起运行。不能单独停、送电。

（2）投、停线路并联电抗器前，要检查线路确无电压；线路送电时，要检查线路并联电抗器确已投入。

（3）线路并联电抗器停电检修，应停用并联电抗器相应保护压板。

三、电容器、电抗器倒闸操作的步骤

1. 并联电容器倒闸操作的步骤

（1）并联电容器及开关由运行转检修的操作步骤：

① 拉开该电容器开关；

② 拉开该电容器开关电源侧刀闸；

③ 拉开该电容器开关操作、动力保险；

④ 布置安全措施。

（2）并联电容器及开关由检修转运行的操作步骤：

① 拆除安全措施；

② 合上该电容器开关操作、动力保险；

③ 合上该电容器开关电源侧刀闸；

④ 合上该电容器开关。

（3）并联电容器更换保险的操作步骤

① 将电容器停电并布置安全措施，操作步骤参照运行转检修步骤，接地线可只装在开关电容器侧；

② 检查更换的保险良好，规格符合要求；

③ 将保险熔断的电容器反复放电，确认电容器已放电完成（近处工作时可能碰到的电容器也需放电）；

④ 将熔断保险拆下并更换上新保险；

⑤ 拆除安全措施，恢复电容器送电。

2. 母线并联电抗器倒闸操作的步骤

（1）母线并联电抗器及开关由运行转检修的操作步骤：
① 拉开该电抗器开关；
② 拉开该电抗器开关电源侧刀闸；
③ 拉开该电抗器开关操作、动力保险；
④ 布置安全措施。

（2）母线并联电抗器及开关由检修转运行的操作步骤：
① 拆除安全措施；
② 合上该电抗器开关操作、动力保险；
③ 合上该电抗器开关电源侧刀闸；
④ 合上该电抗器开关。

3. 线路并联电抗器倒闸操作的步骤

（1）线路并联电抗器由运行转检修的操作步骤：
① 将运行线路停电，操作步骤参见相应线路停电操作；
② 拉开该电抗器刀闸；
③ 停用电抗器相应保护；
④ 布置安全措施。

（2）线路并联电抗器由检修转运行的操作步骤：
① 拆除安全措施；
② 投入电抗器相应保护；
③ 合上该电抗器刀闸；
④ 将停电线路送电。操作步骤参见相应线路送电操作。

注：线路并联电抗器，一般随线路一起停、送电，不单独投、停。

四、仿真练习

要求：按照市北局 110 kV 黄金变电站一次接线图（见附图 2.1）和运行方式，填写操作票，并按照倒闸操作流程执行操作票。
（1）操作任务一：110 kV 黄金变 10 kV 侧 Ⅰ 号电容器及 061 开关由运行转检修；
（2）操作任务二：110 kV 黄金变 10 kV 侧 Ⅰ 号电容器及 061 开关由检修转运行。

第十节　发电机倒闸操作

一、发电机启动与并列操作

发电机启动前可能处于检修、冷备用、热备用三种状态。检修状态系指发电机处于检修过程中，有关电源（包括发电机出线、励磁系统、互感器）及所有操作电源均已断开，并布置了与检修有关的其他安全措施；冷备用状态系指检修工作已全部完毕，有关检修的临时安全措施已全部拆除，恢复固定遮栏及常设警告牌，发电机具备一切开机的条件；热备用状态系指发电机除出口主断路器未合闸外，其余设备（包括推上应投入运行设备的隔离开关，电压互感器一、二次侧，励磁系统等均已改至热备用，操作电源已投入）均已具备运行条件。

下面以发电机的冷备用状态为例，介绍发电机的启动与并列操作。

（一）启动前的检查

（1）检查工作票已收回。检查发电机，主变压器，高压厂用变压器及辅助设备一、二次回路工作已全部结束，工作票已终结，并具备运行条件。

（2）检查检修安全措施已拆除，恢复常设固定安全设施。检查上述设备为检修安全而设置的安全措施（接地线、接地隔离开关、短接线、标示牌）已全部拆除，固定遮栏和常设标示牌已恢复。

（3）检查一、二次设备及回路应具备送电条件。一次回路的设备包括发电机、出线及封闭母线、主变压器、高压厂用变压器、发电机出口电压互感器、高压厂用变压器低压侧同期电压互感器、发变组和高压厂用变压器回路电流互感器、发电机中性点柜内设备、一次回路的连线等。二次回路及设备包括继电保护、测量仪表、自动装置、监察及信号、互感器的二次回路等。一、二次设备及回路均应具备送电条件，检查的要求均按现场规定进行。

（4）检查发电机励磁回路及设备正常。发电机励磁回路包括交流主、副励磁机、滑环、电刷、灭磁开关、励磁开关、自动励磁调节装置及其他设备。检查的项目及方法按现场规定进行。

（5）检查与启动有关设备的继电保护及自动装置，按规定已投入。

（6）测量绝缘符合要求。应测量绝缘的元件包括定、转子绕组，励磁回路，轴承座及随机投运的配电装置。测量按现场规定进行。

（7）检查机组冷却系统正常。发电机冷却气体已置换为氢气，氢气压力正常；发电机定子已通水，水压力正常；氢气系统、内冷却水系统、密封油系统投入运行正常；各冷却介质符合要求。

（8）启动前的有关试验项目符合要求。启动前的试验项目有发电机主断路器及灭磁开关拉、合闸试验，发电机主断路器与灭磁开关的连锁试验；高压厂用工作电源断路器拉、合闸试验；励磁系统连锁试验；定子水泵连锁试验及断水保护试验（此试验要求由汽机来信号，不跳机炉，仅观察中间继电器出口动作及信号掉牌）。发变组二次回路做整组跳闸试验。以上试验按现场有关规定进行。

（二）启动及并列前的准备操作

如图 3.11 所示，发电机启动及并列前的操作如下：

（1）装上发电机出口断路器 QF1 的控制及信号熔断器。

（2）装上发电机电压互感器 TV1、TV2 的高、低压熔断器，并将 TV1、TV2 高压侧隔离开关推至工作位置。

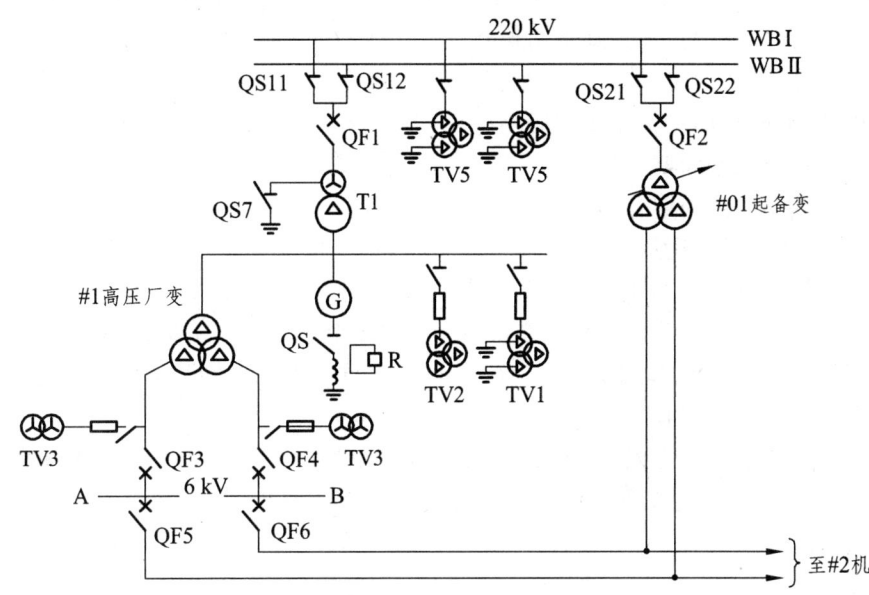

图 3.11 发变组一次系统

（3）装上高压厂用变压器 A、B 分支同期电压互感器 TV3、TV4 的一、二次熔断器，并将 TV3、TV4 的高压侧隔离开关推至工作位置。

（4）检查 6 kV A、B 段工作分支小车断路器 QF3、QF4 在断开位置，并将小车断路器 QF3、QF4 推至"试验"位置。

（5）按规程规定，将励磁系统操作至正常热备用状态（见励磁系统的操作）。

（6）按规定投入主变压器及高压厂用变压器冷却装置的工作电源及冷却器。

（7）合上主变压器 T1 的中性点接地隔离开关 QS7 及发电机中性点隔离开关 QS（并网后，根据系统需要保留或拉开 QS7）。

（8）投入发变组保护连接片。

（9）合上发变组高压侧母线隔离开关 QS11（或 QS12），并检查 QS11（或 QS12）已合好。

（10）合上发电机的灭磁开关 GSD，并检查已合好。

（三）发电机的并列操作

发电机组锅炉点火、升温升压、汽轮机暖管、低速暖机、升速至额定转速，并经有关校验合格，发电机具备并网条件，可进行并网操作。

1. 发电机的并列条件、方法和注意事项

（1）发电机准同期并列的条件：

① 发电机电压与系统电压大小相等（最大误差不大于 10%）；

② 相位相同；

③ 发电机频率与系统频率相等；

④ 发电机电压的相序与系统电压的相序一致。

（2）发电机并列方法：

① AVR 自动方式（AC）自动准同期并列；

② AVR 手动方式（DC）自动准同期并列；

③ AVR 自动方式（AC）手动准同期并列；

④ AVR 手动方式（DC）手动准同期并列；

⑤ 备励方式自动准同期并列；

⑥ 备励方式手动准同期并列。

（3）发电机并列时的注意事项：

① 无论采用何种方式并列操作，不允许解除同期闭锁。

② 无论采用何种方式并列操作，应检查同期检定继电器动作正确，并调整发电机转速，使同步表指针缓慢顺时针方向旋转（4~10 r/min）。若同步表指针旋转不均匀或出现停止及跳动现象，不允许发电机并列。

③ 在进行自动准同期并列时，若自动调整回路失灵，严禁使用该方式；在采用手动准同期方式并列时，若手动调速失灵，可由汽机值班员进行调速。

2. 发电机的并列操作

下面结合图 3.11、图 3.12，介绍发电机的并列操作。

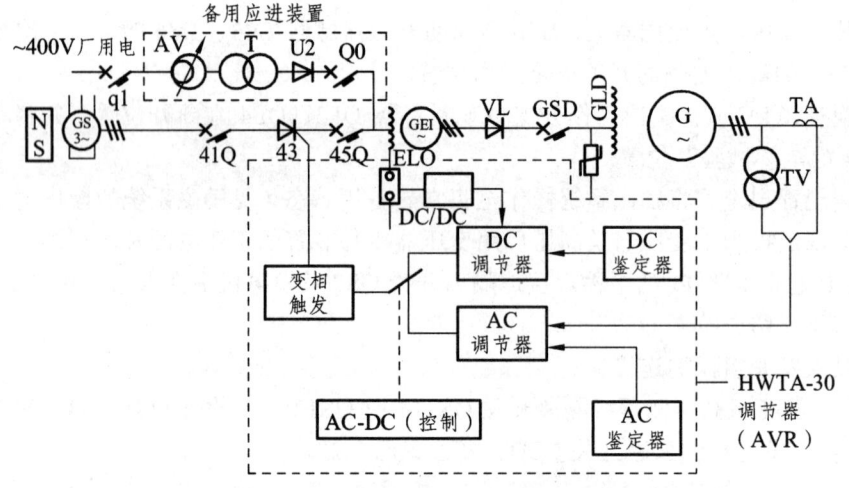

图 3.12 静止硅整流励磁控制系统

GS—永磁副励磁机；GE1—主励磁机；G—发电机；41Q—低压断路器；41SD—主励磁机灭磁开关；GSD—发电机灭磁开关；Q1、Q2—低压断路器；U1、U2—硅整流器；U—可控硅整流器；AV—感应调压器；T—隔离变压器；YA—电流互感器；TV—电压互感器

发电机按 AVR 自动方式自动准同期并列的操作步骤：

（1）确认机组转速达 3 000 r/min，热工保护已投入（汽轮机、发电机可以进行并列操作）。

（2）检查发变组高压侧母线隔离开关 QS11 及主变压器中性点接地隔离开关 QS7 已合上。

（3）检查机组继电保护连接片按规定已投入。

（4）检查发电机灭磁开关 GSD 已合好，红灯亮。

（5）检查操作盘上各控制开关把手位置正确，AVR 控制方式切换开关 90CS 在"手动"位置，"绿灯"亮，AVR 手动整定电压表在接近零位，DC 调节器输出为零。

（6）合上 41Q 断路器。

（7）检查 41Q 已合好。

（8）合上交流主励磁机磁场开关 41SD。

（9）检查 41SD 已合好。发电机起始电压约为 6~10 kV，且三相平衡。定子三相电流为零。检查发电机定、转子、交流主励磁机转子对地绝缘良好，可控硅整流屏 U 风机运行正常，"红灯"亮。

（10）操作 AVR 的手动整定控制开关 90DC，将发电机电压升至接近额定值（20 kV）。

（11）检查交流主励磁机磁场电压约为 4 V，主励机磁场电流约为 52 A，检查 90DC 直流调节回路输出电压正常。

（12）检查发电机转子空载励磁电压约为 110 V，转子电流约为 985 A。

（13）将 90CS 切至"试验"位置，黄灯亮。

（14）检查 90AC 交流调节回路输出电压正常。

（15）操作 AVR 的自动整定开关 90AC，使 AVR 的 AC 调节回路输出电压与 DC 调节回路输出电压相等，两回路输出平衡电压表指示为零。

（16）将 90C8 切至"自动"位置，白灯亮，检查发电机电压无波动。

（17）调整 90AC，使机端电压与系统电压相等；检查 90DC 手动整定回路跟踪正常（平衡电压表接近于零）。

（18）合上发电机的同期控制开关 SA1。

（19）将发电机同期方式选择开关 SA 切至"手动"位置。

（20）将同期切换开关 SA2 切至"粗调"位置。

（21）检查同期闭锁开关 SA3 在"闭锁"位置。

（22）通知汽机值班员在 DEH 操作盘上按下"自动同步"键。

（23）调整发电机的端电压比系统电压略高。

（24）调整发电机的频率，使其比系统频率略高。

（25）将同期切换开关 SA2 切至"细调"位置。

（26）将自动准同期回路电源开关 SA4 切至"试验"位置。

（27）检查自动准同期装置动作正常（按下同期回路启动按钮 SB，同期回路指示红灯亮）。

（28）将发电机同期方式选择开关 SA 切至"自动"位置。

（29）检查同期回路准同期并列正常。

（30）将自动准同期回路电源开关 SA4 切至"工作"位置。

（31）待同步表指针缓慢转过 180°（即离开同步区）后，按下同期回路启动按钮 SB。

（32）监视发电机并网情况，待发电机断路器 QF1 自动合闸，断路器位置指示灯红灯闪光后将 QF1 的控制开关复位。

（33）检查发电机断路器 QF1 合闸正常。

（34）检查发电机已带上 5% 初负荷（15 MW），定子三相电流平衡。

（35）操作 90AC，调整发电机无功为（7~10）Mvar。

（36）断开发电机的同期控制开关 SA1；断开同期切换开关 SA2；断开同期回路电源开关 SA4；断开同期方式选择开关 SA。

（37）主变压器中性点接地方式、远切装置投、切均按调度命令执行。

（38）全面检查发变组运行应无异常。

发电机按 AVR 自动方式手动准同期并列的操作步骤如下：

（1）～（25）项与 AVR 自动方式自动准同期操作的（1）～（25）项相同。

（26）调整发电机的转速，使同步表指针顺时针缓慢旋转 5～10 r/min。

（27）待同步表指针接近零位（提前 5°～10°）时，操作发电机的控制开关，手动合上发电机断路器 QF1。

（28）检查 QF1 合闸正常。

以下操作同 AVR 自动方式自动准同期操作步骤的（34）～（38）（无同期回路电源开关 SA4 的断开操作项目）。

二、发电机接带负荷与负荷调整

1. 发电机接带负荷

发电机并网后，即可接带初始有功负荷，其初始有功负荷的大小及增加速度主要决定于汽轮机，其次也与发电机的容量、冷热状态启动及运行情况有关。

对汽轮机而言，冷态和热态启动并网后，其初始有功及有功增加速度都有具体规定。冷态汽轮机组启动并网后，其有功增加速度不宜过快，如果太快，会使汽轮机进汽量增加过快，汽轮机内部各金属部件受热不均，膨胀不匀，产生过大的热应力、热变形，引起动静摩擦。对锅炉而言，有功增加太快，锅炉运行参数来不及调节，使汽温、汽压下降，造成汽轮机内部金属部件疲劳损坏，甚至使主蒸汽带水，严重时发生对汽轮机水冲击而损坏叶片。对发电机而言（特别是大容量发电机），冷态发电机（定子绕组与铁芯温度低于额定值的 50%）并网后，定子电流增加过快、过大，立即使它带上很大的负荷，定子线棒和定子铁芯间会产生过大温差，从而损坏定子线棒绝缘。转子因电机容量大，绝缘较厚，绕组与铁芯温差较大。另外，转子正常运转时，受离心力作用压紧的转子绕组与钢体紧固为整体。若有功增加太快，相应转子励磁电流增加也快（调有功时必须相应调无功），转子绕组受热膨胀不能自由伸展，使转子绕组绝缘损坏和残余变形。另外，水冷发电机的电磁负荷较大，有功增加太快，对定子端部绕组造成过大冲击力，影响端部固定。同时，有功增加时，定子端部的周期性振动也增加。有功增加太快，定子端部突然产生振动，易使定子水接头焊缝裂开而漏水。

基于上述原因，冷态机组启动并网后，应按一定速度带初始有功。按汽轮机要求，先进行初负荷暖机和不同负荷段暖机，再逐步带上额定负荷。发电机组带有功负荷速度及汽轮机暖机时间规定见表 3.7。

表 3.7　发电机有功增加速度

发电机容量 /MW	有功增加速度 /（MW/min）	初始有功占额定值的百分比（%）	初负荷至额定负荷时间	
			初负荷暖机时间/min	其他负荷段暖机并至额定负荷时间
200	2	7～10	不少于 30	见汽机规程
300	2	5	不少于 30	见汽机规程
600	3.96	5	不少于 30	见汽机规程

发电机在热态（定子绕组与铁芯温度高于额定值的 50%）或事故情况下，并网后有功增加的速度不受限制。由于水轮机转速较低，作用于转子绕组的离心力小，发生残余变形可能性小，因此冷态水轮机组并网后，有功增加速度不受限制。

发电机并网后，其无功负荷的增长速度影响转子绕组的绝缘，故应缓慢均匀地增加无功。接带初始无功应使功率因数值在 0.85～0.95 内，即初始无功为初始有功的 33%～62%（前者为低限，后者为高限）。

2. 发电机负荷的调整

发电机正常运行时，由于系统负荷发生变化，因此运行人员应按照给定的负荷曲线或调度命令，及时对各发电机的有功和无功进行调整。

对于大容量的单元机组，如 300 MW 机组，其有功的调整是通过机组的协调控制系统（CCS）、数字电液调节系统（DEH）和锅炉控制器来实现的。当需要增加有功时，由汽轮机值班员在 CCS 盘上设定目标负荷和负荷变化率，根据机组运行方式（机炉以功率控制方式、以机为基础或以炉为基础运行方式）进行调整。例如以机为基础运行方式，经有关操作，由 CCS 控制 DEH，DEH 改变调速汽门的开度增加有功。此时，主蒸汽压力相应降低，CCS 控制锅炉控制器，锅炉控制器根据主蒸气压力的变化调节锅炉的燃烧率以恢复汽压。相反，通过类似操作，使机组有功减少。

事故情况下，机组有功的调整或事故停机，一般仍由汽轮机值班人员进行（因涉及机、炉一系列操作）。当系统或发电机发生电气故障时，由电气值班员解列机组，以保证系统稳定和发电机的安全运行。

发电机无功负荷的调整，是利用改变励磁电流来实现的。发电机由同轴直流励磁机供给励磁时，通过改变励磁机磁场变阻器阻值的大小来调整无功；采用半导体励磁的大型发电机，通过改变 AVR 的工作点进行无功调节。正常情况下，根据电网给定的电压曲线，由电气运行值班人员进行调整。为保证发电机和电网的稳定运行，在调整无功时，一般情况下，应保持发电机的无功与有功负荷的比值不小于 1/3。并注意并联运行机组之间无功负荷的分配情况，防止机组出现无功过负荷或进相运行。

三、发电机的解列与停机操作

下面介绍 300 MW 机组正常解列停机的操作顺序：
（1）收到值长停机命令后，由机、炉值班员控制，将发电机有功负荷逐渐降低；
（2）当发电机的有功减至 70～100 MW 时，将 6 kV 厂用电源倒换至起备变供电；
（3）发电机减负荷过程中，调整冷却系统运行工况，使之适应机组负荷的变化；
（4）发电机减有功的同时，相应减少无功负荷，保持正常的功率因数；
（5）发电机解列前，合上主变压器的中性点接地隔离开关（相应的保护压板应进行操作）；
（6）检查发电机有功负荷应减至最小（15 MW），同时将发电机的无功减至零；
（7）断开发电机主断路器 QF1；
（8）检查定子三相电流为零，断路器 QF1 分闸正常；
（9）操作 AVR 自动整定控制开关 90AC 至最小位置，检查 AVR 直流调节回路跟踪正常，

AVR 手动整定电压在空载位置，平衡电压表指示为零；

（10）将 AVR 控制方式切换开关 90CS 切至"手动"位置；

（11）操作 AVR 手动整定控制开关 90DC 至最小输出位置，检查发电机电压正常（应为起始值），AVR 直流回路（90DC）输出电压接近零；

（12）断开交流主励磁机磁场开关 41SD；

（13）检查 41SD 分闸正常；

（14）断开 41Q 断路器；

（15）检查 41Q 断路器分闸正常；

（16）汇报值长解列操作完毕，通知汽轮机可开闸停机。

以上操作完毕，发电机处于热备用状态。

四、励磁系统的操作

由前述可知，发电机在启动及并列之前，应将励磁系统操作至热备用状态（随时可进行并列操作的状态）。发电机在正常运行过程中，根据励磁系统设备的健康状况，还要进行励磁方式的切换。下面介绍 300 MW 机组励磁系统投入及切换操作。

（一）励磁系统投入的操作

1. 励磁系统投入前的检查

图 3.13 所示为静止硅整流励磁系统，其检查项目如下：

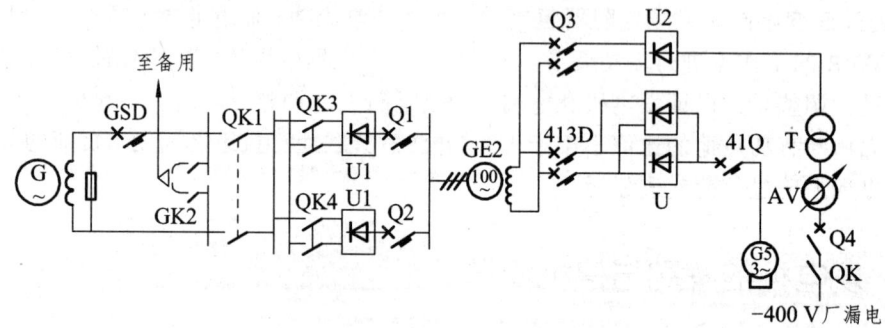

图 3.13 静止硅整流励磁系统示意图

41SD、GSD—灭磁开关；Q1~Q4—低压断路器；QK1~QK4—刀开关

（1）检查励磁系统有关工作票已收回。励磁系统有关回路上的检修工作已全部结束（包括励磁系统一、二次回路），工作票已办理终结手续，有关连接片已投入。

（2）检查发电机灭磁开关 GSD。检查内容为 GSD 应在断开位置，且机械位置指示应与开关实际位置相符；外观完整无损、无异常；开关机构连接正常，连接线无脱落、断线现象；过电压保护避雷器完好，无碎裂现象。

（3）检查发电机磁场回路隔离开关断、合位置符合要求。刀开关 QK1、静止硅整流器 U1 输出刀开关 QK3 和 QK4 均在合闸位置，备用励磁机刀开关 QK2 在断开位置。转子过电压保护用隔离开关应合上。

（4）检查主整流柜和可控硅整流柜。主整流柜和可控硅整流柜分别指 U1 和 U，检查内容为：整流柜和控制柜的表计应完好无损；柜内各电气元件（硅整流管、熔断器、交流进线开关、直流出线隔离开关）应清洁、连接牢固、熔断器无熔断指示。

（5）检查 50 Hz 手动励磁装置。Q3 在断开位置；装置的隔离变压器 T、感应调压器 AV 及其调压电动机外部无异常；AV 在降压最终位置，AV 的手动、电动控制旋转把手应推入"电动"位置，否则遥控电动机操作时，感应调压电动机只能空转而无法调节。

（6）检查 AVR。检查内容为：调节柜内各元件插板应插入；41Q、41SD 在断开位置；有关保护连接片应加用；所属稳压电源开关及熔断器、主励转子接地保护用熔断器、自动调压和手动调压电动机用电源开关、同步变压器电源开关等均应送上（因这些设备均不列入正常操作）；AVR 所属继电保护盘上的信号继电器应不掉牌（掉牌者应复归），以免正常与故障掉牌相混，影响正确判断。

2. 励磁系统投入的操作

励磁系统投入的操作，实际上是指将励磁系统操作为发电机并列前的热备用状态。

（1）灭磁开关 GSD 的操作。操作内容：① 送上 GSD 的合闸直流电源；② 装上磁场电压表熔断器和转子一点接地保护及绝缘监察用熔断器。

（2）100 Hz 主整流柜的操作。操作内容：① 送上 100 Hz 整流柜风机用总电源（两路）；② 合上各组整流柜的直流出线隔离开关 QK3、QK4；③ 送上各组整流柜断路器（Q1、Q2）的操作直流控制电源；④ 送上各组整流柜风机的交流电源后，启动各组整流柜风机。每组整流柜有一台风机（有的有两台），每组整流柜风机由两路电源供电，一路工作，另一路备用，备用电源控制开关放在备用电源的位置，当工作电源失去时，自动切至处于备用的另一路电源供电；⑤ 合上各组整流柜交流电源断路器（Q1、Q2），全面检查合闸指示灯正常，无熔断器熔断报警信号。

（3）AVR 的操作。如 SWTA 型 AVR，其操作内容为：① 送上交、直流控制电源；② 送上主励转子接地检测用交流电源；③ 将自动调节励磁测量开关由"停用"切至"投入"位置（该开关的作用是将发电机的二次电压和电流送给 AVR 的测量单元，供给测量信号）。在 AVR 正常运行时，该开关必须置于"投入"位置，否则，AVR 因无测量信号而切至"手动"调节运行，但其投入应在 AVR 投入使用前操作。

（4）50 Hz 手动励磁装置的操作。操作内容为：① 送上 50 Hz 感应调压器的调压电动机电源；② 检查 50 Hz 手动励磁装置交流电源断路器 Q4 在断开位置；③ 合上 400 V 厂用电源刀开关 QK；④ 合上该装置交流电源进线断路器 Q4。

经上述操作，励磁系统已具备机组启动并列的条件。

（二）励磁方式的切换操作

300 MW 及以上机组的励磁系统正常运行时，通常为 AVR 的自动调节器 AC 投入运行，手动调节器 DC 跟踪备用。当 AC 发生故障时，AVR 由 AC 自动切换至 DC 运行。若自动切换回路发生故障未能自动切换，则由人工进行切换。另外，若 AVR 本身故障或副励磁机故障不能继续运行，则需将励磁方式人为切至 50 Hz 手动备用励磁装置运行。下面介绍几种励磁方式的切换操作。

1. AVR 由 AC 励磁方式切换至 DC 励磁方式

这种切换出现在 AVR 的自动部分发生异常需处理时，由人工进行切换。切换的前提是副励磁机运行正常，AVR 的手动调节回路和功率回路都处于良好状态。切换步骤如下：

（1）检查 AC 与 DC 输出回路的平衡电压表指示接近于零（说明自动与手动输出电压接近或相等）。

（2）将 AVR 的控制方式切换开关 90CS（90CS 有三个位置：自动、试验和手动）由自动切至试验位置，待自动的红灯熄灭、黄灯亮后，再切至手动位置。此时，黄灯熄灭，手动的绿灯亮，表示励磁方式已切至手动方式。

（3）操作 AVR 的手动整定开关 90DC，使 DC 的励磁输出正常（90CS 切至手动方式后，励磁电流的调节不再使用自动调整开关 90AC，而是用 90DC 调整）。

（4）用 90AC 将 AVR 的 AC 方式输出电压调至降压最终位置（这一操作仅调节 AVR 内部的 AC 回路，与装置输出无关）。

要说明的是，进行该项切换操作的关键是必须在平衡电压表指示接近零的情况下进行，以防止发电机运行工况波动或异常。如果平衡电压表指示不在零值，则先调节 90DC，使平衡电压表指示在零值或在零值附近。至于励磁系统使用其他型号的 AVR，在切换励磁方式时，亦按切换过程中机组运行不发生励磁电流大幅波动（大起大落）的原则进行。

2. AVR 由 DC 励磁运行方式切至 50 Hz 备用励磁装置运行方式

这种切换用在 AVR 装置发生故障或副励磁机发生故障的情况下。切换的前提是 400 V 厂用电源供电正常及 50 Hz 手动备用励磁装置正常可用。当 AVR 为 DC 方式运行，50 Hz 手动备用励磁装置跟踪备用时，若 AVR 或副励磁机发生故障，则检查 50 Hz 备用励磁装置输出电压正常，便可进行切换操作，其切换操作步骤如下：

（1）检查 50 Hz 手动备用励磁装置断路器 Q4 在合闸位置；

（2）用 50 Hz 手动励磁调节开关调节 50 Hz 备用励磁装置输出电压与 AVR 输出电压相等；

（3）合上 50 Hz 备用励磁装置断路器 Q3；

（4）用 50 Hz 手动励磁调节开关升压，同时，用 AVR 的手动调节开关 90DC 降压，以维持发电机的无功不变，直至 90DC 降压至最终位置（指示灯亮或开度指示为零）；

（5）拉开 41SD；

（6）取下 AVR 本身保护连锁合 Q3 的连接片。

在执行这一切换操作的过程中，操作上述（3）条时，应特别注意发电机表计的变化。通常在合 Q3 的瞬间，无功会略向升高的方向波动，此时不应盲目调节，因波动仅是短暂的一瞬。操作上述（4）条时，既要调节 90DC，又要调节 50 Hz 的励磁。调节时，不应双手同时调节，应该先调节其中一种输出，然后调节另一输出。至于先调节哪一种，视当时机组无功负荷的大小确定。如果无功负荷接近低限，则先升高 50 Hz 励磁；如果无功已在限额值，则先降低 90DC，然后升高 50 Hz 励磁。总之，在操作时，要特别慎重，以免造成机组异常运行。

3. 50 Hz 手动励磁切换至 AVR 的 DC 励磁

由于 50 Hz 手动励磁没有自动调节功能，且没有备用励磁电源，因此，不宜长期运行。一旦 AVR 装置缺陷消除后，必须尽快将 AVR 投入。如 AVR 仅能投入 DC 方式（AC 方式缺陷未处理好），可先将励磁方式切换为 AVR 的 DC 方式。切换步骤如下：

（1）检查 AVR 的 90DC 输出开度指示在降压最终位置（可通过终端位置指示灯确定），AVR 控制方式切换开关 90CS 在手动位置。调节 AVR 的 90DC 开关，使 DC 输出电压与 50 Hz 励磁输出电压相等；

（2）合上 41SD 开关；

（3）用 90DC 升压，同时用 50 Hz 手动励磁开关降压，以维护发电机无功负荷不变，直至 50 Hz 励磁降压至最终位置；

（4）拉开 50Hz 备用励磁装置断路器 Q3。

执行该项操作的注意事项与前一种切换相同。但操作结束后，50 Hz 手动励磁仍作为 AVR 的备用电源，即其输出电压应跟踪 AVR 的输出电压（在拉开 Q3 后，50 Hz 手动励磁升压至需要数值即可）。

4. AVR 由 DC 励磁方式切换至 AC 励磁方式

当 AVR 的 AC 可以使用时，励磁方式应尽快切换至 AVR 的 AC 励磁方式。切换步骤如下：

（1）检查 AVR 的 AC 控制开关 90AC 在投入位置；

（2）调节 AVR 的 90AC，使平衡电压表指示接近于零；

（3）将 AVR 的控制方式切换开关 90CS 由手动从"试验"位置切至"自动"位置；

（4）放上 AVR 保护动作连锁合 50 Hz 励磁断路器 Q3 的连接片（50 Hz 励磁跟踪备用）。

操作结束后，发电机的励磁电流由 90AC 控制，AVR 的 DC 跟踪备用，50 Hz 备励装置备用。

综合练习

一、简答题

1. 说明倒闸操作的含义？
2. 电气设备有哪几种状态？
3. 倒闸操作有哪些基本要求？
4. 简述隔离开关的操作要领。
5. 简述断路器的操作要领
6. 什么叫操作票？它有什么作用？
7. 倒闸操作的基本程序是什么？
8. 防误操作应实现哪"五防"功能？
9. 微机防误装置由哪几部分组成？
10. 简述微机防误装置各部分的主要功能。
11. 简述电气运行人员对防误装置应做到的"三懂三会"的具体内容。
12. 对防误装置钥匙有哪些具体规定？

13. 线路停电操作，断开断路器后，为什么要先拉线路侧隔离开关？
14. 线路停电操作，为什么要先退出重合闸装置？
15. 运行中的线路，哪些情况下要停用重合闸装置？
16. 电压互感器停送电的原则是什么？
17. 单母线倒闸操作的原则是什么？
18. 当母线送电可能发生谐振时，应如何考虑电压互感器操作？
19. 双母线倒母线操作时，为什么要将母联断路器的直流控制回路电源断开？
20. 倒母线后及拉母联开关前为什么要检查母联表计指示正确？
21. 什么是"冷倒"？什么是"热倒"？
22. 变压器停、送电的操作顺序是怎样的？
23. 变压器停电操作有哪些基本要求？
24. 变压器送电操作有哪些基本要求？
25. 倒闸操作时对变压器中性点有哪些要求？
26. 电容器的投、停原则是什么？母线故障为什么必须先将电容器开关拉开？

二、实操项目

1. 按照实训变电站一次接线图（附图1.1）和运行方式，填写"110 kV 实训Ⅱ回线由运行转检修"操作票，并按照倒闸操作流程执行操作票。
2. 按照实训变电站一次接线图（附图1.1）和运行方式，填写"110 kV 实训Ⅱ回线由检修转运行"操作票，并按照倒闸操作流程执行操作票。
3. 按照实训变电站一次接线图（附图1.1）和运行方式，填写"110 kV 实训Ⅱ回线 103 断路器由运行转检修"操作票，并按照倒闸操作流程执行操作票。
4. 按照实训变电站一次接线图（附图1.1）和运行方式，填写"110 kV 实训Ⅱ回线 103 断路器由检修转运行"操作票，并按照倒闸操作流程执行操作票。
5. 按照实训变电站一次接线图（附图1.1）和运行方式，填写"220 kV Ⅱ母电压互感器由运行转检修"操作票，并按照倒闸操作流程执行操作票。
6. 按照实训变电站一次接线图（附图1.1）和运行方式，填写"220 kV Ⅱ母电压互感器由检修转运行"操作票，并按照倒闸操作流程执行操作票。
7. 按照黄金变电站一次接线图（附图2.1）和运行方式，填写"35 kV Ⅱ母由运行转检修"操作票，并按照倒闸操作流程执行操作票。
8. 按照黄金变电站一次接线图（附图2.1）和运行方式，填写"35 kV Ⅱ母由检修转运行"操作票，并按照倒闸操作流程执行操作票。
9. 按照实训变电站一次接线图（附图1.1）和运行方式，填写"220 kV Ⅱ母由运行转检修"操作票，并按照倒闸操作流程执行操作票。
10. 按照实训变电站一次接线图（附图1.1）和运行方式，填写"220 kV Ⅱ母由检修转运行"操作票，并按照倒闸操作流程执行操作票。
11. 按照黄金变电站一次接线图（附图2.1）和运行方式，填写"2号主变由运行转检修"操作票，并按照倒闸操作流程执行操作票。
12. 按照黄金变电站一次接线图（附图2.1）和运行方式，填写"2号主变由检修转运行"操作票，并按照倒闸操作流程执行操作票。

第四章 电气设备异常运行处理

本章主要介绍电气设备的正常运行状态、异常状态及事故状态的概念，以及对变压器、断路器、隔离开关、母线、互感器、无功补偿装置异常运行的处理。

☞ 学习目标

1. 知识目标

（1）了解电气设备正常运行状态、异常状态及事故状态的概念。

（2）了解变压器、断路器、隔离开关、母线、互感器、无功补偿装置常见异常运行状态，并掌握其处理方法。

2. 能力目标

会对主变压器轻瓦斯动作、小接地系统发生单相接地故障进行仿真处理，处理过程必须规范，并会做相关记录。

第一节 概 述

一、基本概念

（1）电气设备的正常运行状态：电气设备在规定的外部环境下（额定电压、额定气温、额定海拔高度，额定冷却条件，规定介质状况等），保证连续（或在规定的时间内）正常地达到额定工作能力的状态，称为额定工作状态。

（2）电气设备的异常状态：电气设备不能工作在规定的外部环境下成工作，在规定的外部条件下，部分或全部失去额定工作能力的状态，称为电气设备的异常状态（如设备出力达不到名牌要求，运行时间达不到规定时间，设备不能承受额定电压等）。

（3）电气设备事故：事故本身是一种异常状态，通常指异常状态中比较严重的或已经造成设备损坏、引起系统运行异常、中止了对用户供电的状态。

二、异常状态和事故的判断

电气设备发生事故时，通常都有预兆反应，值班人员要根据当时掌握的声音、弧光、气味、温度、油位、气体压力以及仪表、信号等现象做出准确判断，以提高处理事故的速度，尽可能限制事故发展的范围。

发生异常或事故时，大体有如下现象：

（1）电气设备出现异常运行声响或出现放电、爆炸。

（2）报警信号出现、保护、自动控制装置动作，遥测、遥信异常变化（即电流、电压波动或发出异常信号）。

（3）断路器动作跳闸。

（4）电气设备出现变形、裂碎、变色、烧毁、烟火、喷油等异常现象。

第二节　变压器异常运行处理

一、变压器轻瓦斯动作

（一）变压器轻瓦斯保护原理

变压器内部发生放电和短路故障时，其故障点电火花或电弧产生的高温将分解变压器油，使其气化并向变压器上部运动。而瓦斯继电器正是安装于变压器上部油箱与油枕的连通管上，此管是气体上浮的必经之路。瓦斯继电器下部是挡板或重瓦斯启动装置，当主变内部短路故障时产生的油流冲击而动作跳闸。瓦斯继电器下部是一开口杯，杯口向上。正常时瓦斯继电器内部充满油。当变压器内部发生轻微故障，产生的气体进入开口杯使油面下降，开口杯下降，轻瓦斯接点闭合发出"轻瓦斯动作"光字牌。有的变电所轻重瓦斯保护共用一个光字牌，标出"瓦斯动作"，根据光字牌发出同时有没有开关跳闸和保护动作来判断故障性质。

（二）变压器轻瓦斯保护动作原因

（1）主变内部线圈匝间发生较轻微的故障。

（2）因滤油、加油等工作或冷却器密封不严使空气进入变压器。

（3）漏油或温度下降使变压器油位低于瓦斯继电器。

（4）直流回路故障引起的保护误动作。

（5）外部穿越性短路故障引起的动作。

（6）受强烈振动影响。

（7）气体继电器本身问题。

（三）变压器轻瓦斯报警后的检查

（1）检查是否因变压器漏油引起。

（2）检查变压器油位、温度、声音是否正常。

（3）检查气体继电器内有无气体，若存在气体，应取气体进行分析。

（4）检查二次回路有无故障。

（5）检查储油柜、压力释放装置有无喷油、冒油，盘根和塞垫有无凸出变形。

(四)变压器轻瓦斯保护动作处理的步骤

(1)带好取气装置和抹布,立即收集瓦斯继电器内气体。取气时应注意以下事项:
① 取气时由二人进行,一人取气,人监护。
② 取气时必须注意与带电部位保持足够的安全距离。
③ 注意区分瓦斯继电器上部的取气阀和重瓦斯动作试验按钮,切不可误按重瓦斯跳闸按钮,以免造成重瓦斯保护误动作跳闸。
④ 取气时将取气装置插入取气口,打开放气阀抽取,完成后要将导管系好,防止气体外泄,并用抹布擦净油渍。

(2)对取出的气体进行试验,根据气体的颜色和可燃性来初步判断故障性质。具体区分标准如下:
① 无色、无味、不可燃是空气。
② 黄色、不易燃是木质故障产生的气体。
③ 灰色、可燃是纸质故障产生的气体。
④ 黑色、易燃有强烈臭味是严重短路故障分解的油气。

(3)当有滤油、加油、给运行中的潜油泵放气、取油样、启动多台潜油泵等。明显进入空气原因,且瓦斯继电器内的气体是无色、无味不可燃时,可以直接放气处理。否则,均应取油样做色潜分析。

(4)变压器轻瓦斯动作后,应及时报告调度和上级领导,并监视其油温有无异常升高。如变压器油温异常升高或内部有放电声,应立即转移负荷后将其停运。

(5)变压器轻瓦斯反复动作,取气点试气体可燃,且动作间隔时间不断缩短,应认为其内部存在故障,应请示调度转移负荷,将变压器停运。

(6)变压器严重漏油致使瓦斯继电器动作,此时已不能判定其实际油位,应立即转移负荷将变压器停运,防止烧损变压器。

(7)变压器瓦斯继电器动作发出动作信号,但瓦斯继电器内无气体时,应断定为保护误动,应及时报告调度,按调令停用重瓦斯保护压板,并通知继电人员来处理。

(五)实例分析

220 kV 实训变电站 1 号主变压器轻瓦斯保护动作,瓦斯继电器内部有气体

1. 异常信号

① 预告警铃响;
② 后台监控机 SOE 信息:1 号主变压器本体轻瓦斯告警动作;
③ 光字信息:1 号主变本体轻瓦斯动作。

2. 检查处理

① 检查监控机告警窗信息、光字信息,检查电流、电压、功率、变压器温度变化,系统有无穿越性故障,并复归音响信号;
② 记录故障及异常时间、现象,向调度汇报;
③ 检查主变保护装置动作情况;

④ 检查现场变压器的气体继电器有无气体，如有则要检查气体量的多少及气体颜色；

⑤ 检查变压器油位、温度、声音是否正常，变压器本体有无漏油；

⑥ 若因空气进入造成气体继电器动作，则变压器可以继续运行，但要放掉气体并严密监视变压器的运行情况；

⑦ 轻瓦斯频繁动作时，每次都应记录，注意气体特征；

⑧ 若气体可燃，确因变压器内部轻微故障引起继电器动作，应申请调度将变压器停运检查，未经试验合格不得投入运行。

3. 质量要求

① 值班人员应听从值班长统一安排进行事故异常处理；

② 严格执行变电站安全、运行规程；

③ 正确检查监控系统、保护装置信息；

④ 正确检查主变压器本体及所属设备；

⑤ 准备好异常处理需要的安全用具、钥匙、应急灯等工具；

⑥ 如现场工作需要运行取气做可燃试验，取气必须两人进行，注意保持安全距离，防止误碰探针，并根据气体颜色、气味、可燃性判断故障性质，见表 4.1；

表 4.1　气体性质判定

气体颜色气味	气体可燃性	故障性质
无色无味	不易燃	多为空气
黄　色	不易燃	木质故障
淡灰色带强烈臭味	可　燃	纸或纸板故障
灰色和黑色	易　燃	油故障

⑦ 故障处理果断、正确；

⑧ 不错项、倒项、漏项；

⑨ 及时记录汇报调度及相关人员（站长、部门领导）。

4. 记录填写

① 进入生产管理信息系统做好调度指令记录、运行工作记录；

② 在系统中正确录入相关记录，内容描述准确、精练；

③ 正确填写缺陷单并推入流程；

④ 正确填写危险点分析及控制措施单。

二、变压器冷却系统故障

（一）主变压器冷却方式及冷却电源系统组成

1. 主变压器冷却方式

主变压器冷却方式可按油循环及油冷却两方面来划分，按油循环方式不同可分为自然油循环、强迫油循环，强迫油循环导向三种；按照循环油冷却方式不同又可分为自然冷却、风冷却、水冷却三种。现在主变压器常用的冷却方式有油浸风冷、强油循环风冷两种。

2. 主变压器冷却系统的组成

① 油浸风冷的接线比较简单，由风冷电源直接送出各组冷却器。

② 强油循环风冷接线较复杂，为了提高可靠性，一般均采用双电源，正常时一组为工作电源，另一组为备用电源，两组电源从交流屏不同段上引出，并可做到互为备用，自动切换。强油循环风冷设有专用的冷却控制箱，箱内设有交流动力母线，各组冷却器电源分别在母线上馈出。为了保证冷却装置的可靠运行，还设有比较完善的控制信号回路。

（二）主变压器冷却系统故障的现象及原因

1. 主变压器冷却系统故障

主变压器冷却系统故障包括电气故障和机械故障两方面。

① 油浸风冷式电气方面的故障有风扇电机保险熔断、风冷却电源保险熔断、风扇电机烧坏等；机械方面的故障有风扇电机轴承损坏、风扇刮叶等。

② 强油循环风冷装置的主要故障除包括油浸风冷的故障类型外，电气方面还有风扇电机热继电器跳开、潜油泵热继电器跳开、备用冷却器投入等；机械方面包括潜油泵本体损坏、油路漏油等。

2. 主变压器冷却系统故障的现象

主变压器冷却系统故障时，机械方面的故障可能有较大异音，各组冷却器温度差异较大，运行人员在巡视过程中就可以发现。电气方面故障可通过冷却系统故障信号反映到中央信号屏上，其主要现象及原因有如下方面：

①"Ⅰ段工作电源故障"：Ⅰ段风冷电源保险熔断或电源消失，风冷装置电源自动切换到Ⅱ段风冷电源上工作。

②"Ⅱ段工作电源故障"：Ⅱ段风冷电源保险熔断或电源消失，风冷装置电源自动切换到Ⅰ段风冷电源上工作。

③"冷却器全停"：两段风冷电源均出现故障。

④"备用冷却器投入"：只要有一组冷却器跳闸便发出此信号，同时启动备用冷却器。

⑤"备用冷却器投入故障"：备用冷却器不能投入或投入后又跳闸。

（三）主变压器冷却系统故障的处理方法

（1）风扇电机轴承损坏时发出较大的异音，应将其停运检修，改投其他冷却器。

（2）强油循环的潜油泵本体损坏、油路滑油时，应该停用本套冷却油系统，投入备用油系统，等待停电检修。

（3）风扇电机保险熔断或热继电器跳闸、潜油泵热继电器跳闸时，调整后投入；如果再跳，则应将其停运并通知检修人员处理。

（4）工作冷却器保险熔断或电源消失，强油风冷装置将电源自动切换到备用电源，并发出"冷却器工作电源故障"信号时，应检查冷却器电源及控制回路1RD（2RD）保险是否熔断。如发现熔断可以更换后试送一次，如不成功则不准再送，应由检修人员来查回路。

（5）出现"冷却器全停"信号时，表示两个风冷电源均出现保险熔断或电源消失，造成主变冷却器全停。应立即检查两段风冷电源是否正常，如无问题，应检查冷却器两段控制回路保险 1RD（2RD）是否熔断，如有熔断应立即更换试送。如电源正常应检查电源切换把手是否接触不变。

（6）主变强油风冷冷却器全停时，其油温迅速上升，额定负荷下允许运行时间按变压器说明书执行。当上层油温不超过 75 ℃ 时，运行时间可以延长，但最长运行时间不得超过 1 小时。冷却器全停恢复送电时，要将各组冷却器切开，电源恢复后再逐一送出，以免同时投入造成主变重瓦斯误动作。

（7）当备用冷却器和辅助冷却器应投入运行但投不进去时，应检查冷却器控制回路 3RD 保险是否熔断。

（8）如果冷却器控制箱内工作冷却器指示灯不亮，应检查冷却器控制回路 4RD 保险是否熔断。

（9）如果冷却器信号回路故障光字牌或监视灯亮，应检查冷却器控制回路 5RD、6RD 保险是否熔断。

（10）当 1K 把手接触不良或未合时，运行冷却器指示灯回路被切断，指示灯熄灭。备用冷却器投入故障信号回路被切断，有故障时不能发出信号。

（11）变压器停电检修后及投运前需将冷却器投入运行，这时只要将 2K 把手切至试验位置，即可启动冷却器运行回路。待变压器投运后，再将 2K 把手切至工作位置，恢复正常运行状态。

（四）实例分析：220 kV 实训变电站 1 号主变压器冷却器全停

1. 异常信号

① 预告警铃响；
② 后台监控机 SOE 信息：1 号主变压器非电量保护启动；1 号主变压器冷却器全停故障；
③ 光字信息：1 号主变风冷控制箱冷却器全停信号；1 号主变风冷控制箱 I 电源故障；1 号主变风冷控制箱 II 电源故障。

2. 检查处理

① 检查监控机告警窗信息、光字信息，检查变压器油温、电流及负荷；
② 记录故障及异常时间、现象，向调度汇报，并复归音响信号；
③ 检查主变保护装置动作情况；
④ 检查主变压器负荷情况，密切注意变压器绕组、上层油温情况；
⑤ 检查 1 号主变冷却器是否全停；
⑥ 检查主变风冷控制箱动作情况：I 段电源故障指示灯亮；II 段电源故障指示灯亮；冷却器全停指示灯亮；
⑦ 检查冷却系统 I、II 路工作电源电压是否缺相或消失；

⑧ 检查主变压器风冷控制箱各负荷开关、接触器、熔断器、热继电器等工作状态是否正常；

⑨ 检查站用交流系统冷控电源支路有无故障，如果交流系统冷控电源支路故障，应先尽快恢复供电，再逐步进行处理；

⑩ 故障处理后能恢复主变压器冷却器运行的应尽快恢复其运行；若故障难以在短时间内清查并排除，在冷却器全停时间接近 20 min，如果主变压器上层油温不超过 75 ℃，可根据调度命令保持主变压器继续运行，如变压器上层油温超过 75 ℃ 或虽未超过 75 ℃ 但冷却器全停时间超过 1 h，应转移负荷停止运行。

3. 质量要求

① 值班人员应听从值班长统一安排进行事异常处理；
② 严格执行变电站安全、运行规程；
③ 正确检查监控系统、保护装置信息；
④ 准备好异常处理需要的安全用具、钥匙、万用表、应急灯等工具；
⑤ 正确检查主变风冷控制箱内信号灯指示，判断动力电源是否消失或故障；
⑥ 正确检查主变风冷控制箱各负荷开关、接触器、熔断器、热继电器等工作状态是否正常；
⑦ 正确测量冷却系统 Ⅰ、Ⅱ 路工作电源电压是否缺相或消失；
⑧ 故障处理果断、正确；
⑨ 不错项、倒项、漏项；
⑩ 及时记录汇报调度及相关人员（站长、部门领导）。

4. 记录填写

① 进入生产管理信息系统做好调度指令记录、运行工作记录、设备运行记录；
② 在系统中正确录入相关记录，内容描述准确、精练；
③ 正确填写缺陷单并推入流程；
④ 正确填写危险点分析及控制措施单。

三、变压器声音异常

（1）当变压器内部有"咕嘟咕嘟"的水沸腾声时，可能是由于绕组有较严重的故障或分接开关接触不良而局部严重过热，应立即停止变压器的运行，进行检修。

（2）变压器声响明显增大，内部有爆裂声时，立即断开变压器各侧断路器，将变压器转检修。

（3）当响声中夹有爆裂声时，既大又不均匀，可能是变压器的器身绝缘有击穿现象，应立即停止变压器的运行，进行检修。

（4）响声中夹有连续的、有规律的撞击或摩擦声时，可能是变压器的某些部件因铁芯振动而造成机械接触。如果是箱壁上的油管或电线处，可增加距离或增强固定来解决。另外，冷却风扇、油泵的轴承磨损等也发出机械摩擦的声音，应确定后进行处理。

四、变压器油温异常升高

1. 油温异常升高的原因
（1）变压器冷却器运行不正常。
（2）运行电压过高。
（3）潜油泵故障或检修后电源的相序接反。
（4）散热器阀门没有打开。
（5）变压器长期过负荷。
（6）内部有故障。
（7）温度计损坏。
（8）冷却器全停。

2. 油温异常升高的检查
（1）检查变压器就地及远方温度计指示是否一致。
（2）检查变压器是否过负荷。
（3）检查冷却设备运行是否正常。
（4）检查变压器声音是否正常，油色是否正常，有无故障迹象。
（5）检查变压器油位是否正常。
（6）检查变压器的气体继电器内是否积聚了可燃气体。
（7）必要时进行变压器预防性试验。

3. 油温异常升高的处理
（1）若温度升高的原因是由于冷却系统的故障，且在运行中无法修复，应将变压器停运处理；若不能立即停运处理，则应按现场规程规定调整变压器的负荷至允许运行温度的相应容量，并尽快安排处理；若冷却装置未完全投入或有故障，应立即处理，排除故障；若故障不能立即排除，则必须降低变压器运行负荷，按相应冷却装置冷却性能与负荷的对应值运行。

（2）如果温度比平时同样负荷和冷却温度下高出 10℃以上，或变压器负荷、冷却条件不变，而温度不断升高，温度表计又无问题，则认为变压器已发生内部故障（铁芯烧损、绕组层间短路等），应投入备用变压器，停止故障变压器运行，联系检修人员进行处理。

（3）若经检查分析是变压器内部故障引起的温度异常，则立即停运变压器，尽快安排处理。

（4）若由变压器过负荷运行引起，在顶层油温超过 105 ℃时，应立即降低负荷。

（5）若散热器阀门没有打开，应设法将阀门打开，一般变压器散热器阀门没有打开，在变压器送电带上负荷后温度上升地很快。若本站有两台变压器，那么通过对两台变压器的温度进行比较就能判断出。

（6）如果三相变压器组中某一相油温升高，明显高于该相在过去同一负荷、同样冷却条件下的运行油温，而冷却装置、温度计均正常，则过热可能是由变压器内部的某种故障引起，应通知专业人员立即取油样做色谱分析，进一步查明故障。若色谱分析表明变压器存在内部故障，或变压器在负荷及冷却条件不变的情况下，油温不断上升，则应按现场规程规定将变压器退出运行。

五、变压器本体油位异常

(一) 引起油位异常的主要原因

(1) 指针式油位计出现卡针等故障。
(2) 隔膜或胶囊下面蓄积有气体，使隔膜或胶囊高于实际油位。
(3) 吸湿器堵塞，使油位下降时空气不能进入，油位指示将偏高。
(4) 胶囊或隔膜破裂，使油进入胶囊或隔膜以上的空间，油位计指示可能偏低。
(5) 温度计指示不准确。
(6) 变压器漏油使油量减少。

(二) 油位异常的处理

1. 油位过低

油位过低或看不到油位，应视为油位不正常。当低到一定程度时，会造成轻瓦斯动作告警。严重缺油时，会使油箱内绝缘暴露受潮，降低绝缘性能，影响散热，甚至引起绝缘故障。

(1) 油位过低的原因：
① 变压器严重渗油或长期漏油。
② 设计制造不当，储油柜容量与变压器油箱容量配合不当。一旦气温过低，在低负荷时油位下降过低，则不能满足要求。
③ 注油不当，未按标准温度曲线加油。
④ 检修人员因临时工作多次放油后，而未及时补充。

(2) 油位过低的处理：
① 若变压器无渗漏油现象，油位明显低于当时温度下应有的油位（查温度-油位曲线），应尽快补油。
② 若变压器大量漏油造成油位迅速下降时，应立即采取措施制止漏油。若不能制止漏油，且低于油位计指示限度时，应立即将变压器停运。
③ 对有载调压变压器，当主油箱油位逐渐降低，而调压油箱油位不断升高，以至从吸湿器中漏油，可能是主油箱与有载调压油箱之间密封损坏，造成主油箱的油向调压油箱内渗。应申请将变压器停运，转检修。

2. 油位过高

(1) 油位过高的原因：
① 吸湿器堵塞，所指示的储油柜不能正常呼吸。
② 防爆管通气孔堵塞。
③ 油标堵塞或油位表指针损坏、失灵。
④ 全密封储油柜未按全密封方式加油，在胶囊袋与油面之间有空气（存在气压，造成假油位）。

(2) 油位过高的处理：
① 如果变压器油位高出油位计的最高指示，且无其他异常时，为了防止变压器油溢出，

则应放油到适当高度；同时应注意油位计、吸湿器和防爆管是否堵塞，避免因假油位造成误判断。放油时应先将重瓦斯改接信号。

② 变压器油位因温度上升有可能高出油位指示极限，经查明不是假油位所致时，则应放油，使油位降至与当时油温相对应的高度，以免溢油。

六、变压器本体渗漏油、套管渗漏油、套管油位异常和套管末屏放电

1. 运行中变压器本体及套管渗漏油的原因

（1）阀门系统、蝶阀胶垫材质不良、安装不良、放油阀精度不高、螺纹处渗漏。

（2）胶垫不密封造成渗漏。

（3）高压套管基座电流互感器出线桩头胶垫处不密封或无弹性，造成接线桩头胶垫处渗漏；小绝缘子破裂，造成渗漏油。

（4）高压套管油标玻璃观察窗破裂。

（5）设计制造不良。

2. 变压器本体渗漏油的处理

（1）变压器本体渗漏油若不严重，并且油位正常，应加强监视。

（2）变压器本体渗漏油严重，并且油位未低于下限，但一时又不能停电检修，应通知专业人员进行补油，并应加强监视，增加巡视的次数；若低于下限，则应将变压器停运。

3. 变压器套管渗漏油、套管油位异常和套管末屏放电的处理

（1）套管严重渗漏或瓷套破裂时，变压器应立即停运。更换套管或消除放电现象，经电气试验合格后方可将变压器投入运行。

（2）套管油位异常下降或升高，包括利用红外测温装置检测油位，确认套管发生内漏；当确认油位已漏至金属储油柜以下时，变压器应停止运行，进行处理。

（3）套管末屏有放电声时，应将变压器停止运行，并对该套管做试验。

（4）大气过电压、内部过电压等，会引起瓷件、瓷套管表面龟裂，并有放电痕迹。此时应采取加强防止大气过电压和内部过电压措施。

七、压力释放阀动作

（1）压力释放阀冒油而变压器的气体继电器和差动保护等电气保护未动作时，应立即取变压器本体油样进行色谱分析，如果色谱正常，则怀疑压力释放阀动作是其他原因引起。

（2）压力释放阀冒油且瓦斯保护动作跳闸时，在未查明原因、故障消除前，不得将变压器投入运行。

八、油色谱异常的处理

根据油色谱含量情况，结合变压器历年的试验（如绕组直流电阻、空载特性试验、绝缘

试验、局部放电测量和微水测量等）的结果，并结合变压器的结构、运行、检修等情况进行综合分析，判断故障的性质及部位。根据具体情况对设备采取不同的处理措施（如缩短试验周期、加强监视、限制负荷、近期安排内部检查或立即停止运行等）。

九、内部放电性的处理

若经色谱分析判断变压器故障类型为电弧放电兼过热，一般故障表现为绕组匝间、层间短路，相间闪络、分接头引线间油隙闪络、引线对箱壳放电、绕组熔断、分接开关飞弧、因环路电流引起电弧、引线对接地体放电等。对于这类放电，一般应立即安排变压器停运，进行其他检测和处理。

十、变压器铁芯运行异常

（1）变压器铁芯绝缘电阻与历史数据相比较低时，首先应区别是否是受潮引起。

（2）如果变压器铁芯绝缘电阻低的问题一时难以处理，不论铁芯接地点是否存在电流，均应串入电阻，防止环流损伤铁芯。有电流时，宜将电流限制在 100 mA 以下。

（3）变压器铁芯多点接地，并采取了限流措施，仍应加强对变压器本体油的色谱跟踪，缩短色谱监测周期，监视变压器的运行情况。

十一、变压器油流故障的处理

1. 变压器油流故障的现象

（1）变压器油流故障时，变压器油温不断上升。
（2）风扇运行正常，变压器油流指示器指在停止的位置。
（3）如果是管路堵塞（油循环管路阀门未打开），将会发油流故障信号，油泵热继电器将动作。

2. 变压器油流故障产生的原因

（1）油流回路堵塞。
（2）油路阀门未打开，造成油路不通。
（3）油泵故障。
（4）变压器检修后油泵交流电源相序接错，造成油泵电动机反转。
（5）油流指示器故障（变压器温度正常）。
（6）交流电源失压。

3. 变压器油流故障的处理方法

油流故障告警后，运行人员应检查油路阀门位置是否正常，油路有无异常，油泵和油流指示器是否完好，冷却器回路是否运行正常，交流电源是否正常，并进行相应的处理。同时，严格监视变压器的运行状况，发现问题及时汇报，按调度的命令进行处理。若是设备故障，则应立即向调度报告，通知有关专业人员来检查处理。

十二、变压器过负荷

（1）运行中发现变压器负荷达到相应调压分接头额定值的90%及以上，应立即向调度汇报，并做好记录。

（2）根据变压器允许过负荷情况，及时做好记录，并派专人监视主变压器的负荷及上层油温和绕组温度。

（3）按照变压器特殊巡视的要求及巡视项目，对变压器进行特殊巡视。

（4）过负荷期间，变压器的冷却器应全部投入运行。

（5）过负荷结束后，应及时向调度汇报，并记录过负荷结束时间。

第三节 断路器异常运行处理

一、SF_6断路器 SF_6气体泄露的处理

1. SF_6及其在电气设备中的作用

SF_6是目前在高压电器中使用的最优良的灭弧和绝缘介质。它无色、无味、无毒，不燃烧，化学性质稳定，常温下与其他材料不会产生化学反应。

SF_6分子具有很强的负电性，即能够吸附电子形成负离子，这样SF_6气体中就不存在自由电子，所以其绝缘性能良好，绝缘性能要高于空气和绝缘油。

SF_6气体在高压断路器中的作用有二：一是利用SF_6气体的优良绝缘性能充当绝缘介质，由于SF_6的绝缘性能好，故SF_6断路器内电气间隙较小。二是利用SF_6灭弧后弧隙间的介质强度恢复快。

2. SF_6气体异常的原因及影响

SF_6高压断路器的充气压力在20 °C时约为0.6~0.7 MPa，正常运行时由于某种原因，如接头封密不严、油兰、砂眼焊口、管路等处也可能存在封闭的隐患造成漏气，故在运行时要经常监视断路器内的气体压力，一但发现气压降低，应及时检查。

环境温度变化也会影响断路器气压的升高或降低，这是正常现象，但气体密度不受影响。

当断路器内的SF_6气体泄漏时，说明内部的SF_6密度降低，对断路器电气性能将产生严重影响。

（1）影响断路器的绝缘性能。由于SF_6的绝缘强度与密度成正，故密度降低后其绝缘性能也下降得很快，严重时会引起开关内部闪络或放电。

（2）影响断路器的灭弧性能。断路器SF_6密度下降必然引起气压下降，从而使断路器在灭弧时的吸气压力降低，灭弧能力不足，降低了遮断容量，严重时可能造成分闸闭锁。

3. SF_6 气体泄漏异常的处理步骤

（1）正常运行时，值班运行人员可以通过气压表观察开关内部 SF_6 气体的压力，如发现漏气应通知有关人员补气。

（2）监视 SF_6 断路器泄漏比较可靠的仪器是气体密度继电器。因某种原因使 SF_6 泄漏，密度继电器会发出报警信号，运行人员应及时上报主管部门及调度，实行补气处理。

（3）补气用的 SF_6 气体，应采用纯净、无水的合格品，其各项指标应符合有关规定。

（4）当"SF_6 压力异常"光字牌明亮时，应向有关领导汇报，及时处理。

（5）当"SF_6 压力异常"光字牌明亮的同时，开关把手指示灯灭，应向调度汇报，设法将开关停电，向有关领导汇报。

4. 实例分析

220 kV 实训变由站 220 kV 实训 I 回 201 断路器 SF_6 气体泄漏，气体压力降低至闭锁值

（1）异常信号：

① 预告警铃响；

② SOE 信息：断路器 SF_6 压力低闭锁动作；断路器控制回路断线。

（2）检查处理：

① 检查监控机告警窗信息、光字信息；

② 记录故障及异常时间、现象，向调度汇报，并复归音响信号；

③ 现场检查室外 SF_6 断路器设备，查看 SF_6 气体压力是否低于闭锁值；

④ 根据 SF_6 气体压力值低于闭锁值，判断本体有泄漏；

⑤ 当压力值下降至闭锁气压时，断路器已闭锁跳合闸回路，应立即断开断路器的控制电源，汇报调度部门，倒换运行方式，将 1 号主变倒至 II 母运行，用母联断路器断开故障断路器；

⑥ 如是密度继电器动作值出现误差，属误发信号，汇报调度转移负荷，通知专业检修人员对其进行调整或更换。

（3）质量要求：

① 值班人员应听从值班长统一安排进行事异常处理；

② 严格执行变电站安全、运行规程；

③ 准备好异常处理需要的安全用具和防护用品、钥匙、应急灯等工具；

④ 正确检查断路器 SF_6 压力，从上风侧接近设备，在接近设备时要谨慎，必要时应戴防毒面具和穿防护服（防毒面具和穿防护服使用前应检查是否合格）；

⑤ 故障处理果断、正确；

⑥ 不错项、倒项、漏项；

⑦ 及时记录汇报调度及相关人员（站长、部门领导）。

（4）记录填写：

① 进入生产管理信息系统做好调度指令记录、运行工作记录、设备缺陷记录；

② 在系统中正确录入相关记录，内容描述准确、精练；

③ 正确填写缺陷单并推入流程；

④ 正确填写危险点分析及控制措施单。

二、断路器控制回路断线处理

实例分析：220 kV 实训变电站 220 kV 实训 Ⅱ 回 203 断路器控制回路断线。

1. 异常信号

（1）预告警铃响；

（2）SOE 信息：断路器控制回路断线告警动作；

（3）光字信息：断路器控制回路断线。

2. 检查处理

（1）检查监控机告警窗信息、光字信息；

（2）记录故障及异常时间、现象，向调度汇报，并复归音响信号；

（3）检查断路器 SF_6 压力、储能机构储能是否正常；

（4）检查断路器控制电源空气开关是否跳闸，电压是否正常；

（5）控制电源不正常或未投入，应尽快处理；

（6）检查断路器就地控制箱"远方/就地"控制开关是否接触不良；

（7）检查断路器控制开关、跳闸线圈、断路器辅助触点是否接触不良；

（8）若是控制回路存在故障，重点检查断路器控制开关、跳闸线圈、操作箱继电器，在确定故障后通知专业人员处理；

（9）如果故障暂时无法查出或难以处理，应汇报调度，申请将故障断路器退出运行：① 断开 220 kV 母联 210 断路器；② 断开 220 kV 实训 Ⅱ 回对侧电源；③ 拉开 203 断路器两侧隔离开关。

3. 质量要求

（1）值班人员应听从值班长统一安排进行事异常处理；

（2）严格执行变电站安全、运行规程；

（3）准备好异常处理需要的安全用具、钥匙、万用表、应急灯等工具；

（4）正确进行断路器控制回路故障的检查，对回路故障的检查必须两人进行；

（5）故障处理果断、正确；

（6）不错项、倒项、漏项；

（7）及时记录，汇报调度及相关人员（站长、部门领导）。

4. 记录填写

（1）进入生产管理信息系统做好调度指令记录、运行工作记录；

（2）在系统中正确录入相关记录，内容描述准确、精练；

（3）正确填写缺陷单并推入流程；

（4）正确填写危险点分析及控制措施单。

三、真空断路器异常处理

1. 真空及其在断路器设备中的作用

（1）真空一般是指气体稀薄的空间。凡是绝对压力低于正常大气压（一个大气压）的状态都称为真空状态。真空的程度以气体的绝对压力值来表示，压力越低称之真空度越高。压力单位以帕（Pa）为单位，一个工程大气压约为 0.1 MPa（兆帕）。

高压真空断路器真空灭弧室的真空度要求在 1.33×10^{-2} Pa ~ 1.33×10^{-5} Pa，属于高真空的范畴。

（2）真空在断路器中的作用有两个：一是绝缘作用，在高真空间隙中（指断口间隙），气体分子密度很低，气体分子的平均自由程度很大，碰撞游离基本不起作用，以其绝缘强度很高，比变压器油、大气的绝缘强度都高得多，真空是真空断路器的绝缘介质。真空的另一个作用是灭弧作用，当断路器分闸时，触头间产生电弧，触头表面在高温下挥发金属蒸气，电子和离子能在很短的时间扩散并被吸附到触头和屏蔽罩上，所以断口间绝缘强度恢复速度很快，电流过零值时迫使电弧熄灭。

2. 真空度失效或降低的原因及影响

真空度降低或失效的原因大致有三个：一是由于运输或在安装过程中，灭弧室受到剧烈的振动，使灭弧室外壳（一般为玻璃或氧化铝陶瓷）振裂损坏漏气。二是安装过程中调整不当，使灭弧室外壳承受过大的拉力或抗弯力而损坏漏气。三是波纹管长期频繁和剧烈的变形动作，使材料疲劳损坏或机械寿命终了而使真空度失效。

真空灭弧室是真空断路器的核心元件，当真空度下降至 1.33×10^{-2} Pa ~ 1.33 Pa 时，断口间的击穿电压（绝缘强度）将随着真空度的降低而迅速下降，使灭弧室不能正常工作。如真空失效，灭弧室工作时会产生击穿导致开断失败，造成事故。

3. 真空度异常的处理步骤

（1）真空度异常有两种情况：一种是真空失效，此时由于严重漏气使灭弧室内处于大气状态。这样的灭弧室工作时会产生击穿，灭弧室颜色会因大气中水汽作用而改变，同时动导电杆失去自由能力，比较容易判断。另一种是真空度下降，运行中就很难判断了。

（2）运行中检查真空灭弧室是否漏气，经常观察灭弧室开断电流时的颜色（只有玻璃外壳可以见到），正常时弧光颜色为淡青色，经屏蔽筒反射后呈黄绿色，若弧光颜色为紫红色可能是灭弧室真空失效。

（3）目前，真空断路器运行中还没有监测真空度的手段，只能借助停电检修或定期检查来进行测试。

（4）真空度的测试方法有两种：一是真空度实测，是用真空度测试仪测试。其真空要求新断路器出厂时应保持在 10^{-4} Pa（10^{-6} Torr）以上，运行中不应低于 10^{-2} Pa（10^{-4} Torr）。另一种是定性检查，可用火花计法通过观察管内发光颜色或用工频耐压法来定性判定灭弧室真空是否失效。真空度不合格或失效的灭弧室必须更换。

（5）运行人员应按规定对新装或检修后的真空断路器进行质量检查和验收。验收合格后的真空断路器必须进行不带负载的合、分闸操作数十次，方能投入运行。

（6）在真空断路器产品使用说明书中仅规定了短路故障跳闸次数，至于检修周期无明确规定，所以应根据具体情况及运行经验等因素来确定。

对于操作不频繁（每年操作次数不超过机械寿命的 1/5）则在寿命期间内，每年至少进行一次检查。

对于操作次数较为频繁，在两次检查之间的操作次数不宜超过其机械寿命的五分之一。

对于操作极为频繁或机械寿命、电寿命临近终了的场合，检查周期应适当地缩短。

四、断路器拒绝合闸的处理

（1）控制或合闸电源消失：如果是控制电源空气开关（熔断器）或合闸电源空气开关（熔断器）跳开（熔断），应合上（更换）控制电源空气开关（熔断器）或合闸电源空气开关（熔断器），正常后，对断路器进行合闸；如果是控制或合闸回路其他原因引起，且不能查找到故障或查到故障后运行人员不能处理的，应通知专业人员处理。

（2）就地操作切换开关在"就地"位置：将操作切换开关由"就地"位置切换至"远方"位置。

（3）直流母线电压过低：调节蓄电池组端电压，使电压达到规定值。

（4）SF_6 压力过低闭锁：确认 SF_6 气体压力过低后，应通知专业人员处理，在未处理正常前，严禁对断路器进行合闸操作。

（5）液压压力过低闭锁：确认液压压力过低后，应通知专业人员处理，在未处理正常前，严禁对断路器进行合闸操作。

（6）弹簧未储能：若是储能电源空气开关跳开，应立即合上储能电源空气开关进行储能；如果其他原因不能查找但又急需送电，则应断开储能电源开关后进行手动储能，储能正常后即可进行合闸；若弹簧储能系统零部件故障不能，手动储能则通知专业人员处理。

（7）其他不能处理的故障：作缺陷上报调度及相关部门，通知相关专业人员处理。

五、断路器拒绝分闸的处理

（1）控制电源消失：如果是控制电源空气开关（熔断器）跳开（或熔断），应合上（更换）控制电源空气开关（熔断器），正常后，对断路器进行分闸；如果是控制回路其他原因引起，且不能查找到故障或查到故障后运行人员不能处理的，应通知专业人员处理。

（2）就地操作切换开关在"就地"位置：将操作切换开关由"就地"位置切换至"远方"位置。

（3）直流母线电压过低：调节蓄电池组端电压，使电压达到规定值。

（4）SF_6 压力过低闭锁：确认 SF_6 气体压力值低于闭锁值后，应通知专业人员处理，在未处理正常前，严禁对断路器进行分闸操作，并断开该断路器的操作电源空气开关或取下操作电源熔断器，以防该断路器跳闸时因灭弧能力达不到要求，损坏该断路器或该断路器产生爆炸。

（5）液压压力过低闭锁：确认液压压力值低于闭锁值后，应通知专业人员处理，在未处理正常前，严禁对断路器进行分闸操作，并断开该断路器的操作电源空气开关或取下操作电源熔断器，以防该断路器跳闸时因灭弧能力达不到要求，损坏该断路器或该断路器产生爆炸。

（6）弹簧未储能：若是储能电源空气开关跳开，应立即合上储能电源空气开关进行储能；如果其他原因不能查找的，应断开储能电源开关后进行手动储能，储能正常后即可进行分闸；若弹簧储能系统零部件故障不能，手动储能则通知专业人员停电进行处理。

（7）其他不能处理的故障：作缺陷上报调度及相关部门，通知相关专业人员处理。

六、断路器分合闸闭锁的处理

（1）油泵电动机交流失压引起：检查电机电源回路是否有故障，如是电机电源空开跳开，应立即合上。并用万用表检查电动机三相交流电源是否正常。正常后，使电动机打压至正常值；若系电动机烧坏、机构损坏或其他故障，值班员不能处理时，应通知专业人员处理。

（2）弹簧机构未储能引起：应检查其电源是否完好，如电源空开跳开，应立即合上并进行电动储能；如电机烧坏或电源回路引起的故障，在不能进行电动储能时，应在断开电机电源后，进行手动储能；如属于弹簧机构问题，不能手动储能时，应通知专业人员处理。

（3）SF_6气体压力低引起：确认SF_6气体压力值低于闭锁值后，应通知专业人员处理，在未处理正常前，严禁对断路器进行分、合闸操作，并断开该断路器的操作电源空开或取下操作电源熔断器，以防该断路器跳闸时因灭弧能力达不到要求，损坏该断路器或该断路器产生爆炸。

（4）保护动作闭锁断路器合闸回路使其不能合闸：应查明原因，复归保护动作信号解除闭锁，根据调度的命令进行处理。

（5）控制回路故障引起：

① 若断路器就地控制箱内"远方/就地"切换开关置于"就地"位置或触点接触不良，则可将"远方/就地"切换开关切至"远方"位置或将控制开关重复操作两次；若触点回路仍不通，应通知专业人员处理。

② 若是控制回路问题，应重点检查控制回路易出现故障的位置，如同步回路、控制开关、合闸线圈、分相操作箱内继电器等，对于二次回路问题，一般应通知专业人员进行处理。

七、断路器误跳闸的处理

若系统无短路或直接接地现象，发生断路器自动跳闸，则称为断路器偷跳或误跳。断路器误跳的原因及处理方法如下。

（1）保护误动或误整定：确认设备、线路及电网系统无故障、直流系统无接地的情况下，检查保护装置是否有异常，如有异常，则判断为保护装置误动作；应通知专业人员处理；如保护装置正常，应打印保护装置定值与调度下发且正在执行的保护定值书核对，检查保护装置设置的定值是否正确，定值错误时应通知专业人员处理。

（2）电流、电压互感器回路发生故障：确认电流、电压互感器回路发生故障引起断路器误跳时，应通知专业人员处理。

（3）直流系统发生两点接地：确认断路器误跳为直流两点接地引起时，应查找直流接地点并消除，向调度申请对该断路器进行合闸送电；查找时应做好安全措施，接地点不能找到时应通知专业人员来处理。

（4）机械故障引起：排除断路器故障原因，立即向调度申请对该断路器进行合闸送电。无法排除故障的向调度申请停电检修。

（5）人为误碰、误动、误操作或受机械外力引起：应排除断路器故障原因，立即申请对该断路器进行合闸送电。

八、液压机构压力异常的处理

（1）油泵启动频繁，压力不能保持：若查明机构内部或外部有明显漏油，其油位低于下限，应停电处理或采取措施后带电处理；若机构没有明显漏油，检查确认漏氮气时，应停电处理或采取措施后带电处理。

（2）压力表指示不断升高：说明高压油串入氮气中，应通知专业人员处理。

（3）打压超时：检查液压部门有无漏油，油泵是否有机械故障，压力是否升高超过规定值，若液压异常升高，应立即切断油泵电源，并通知专业人员处理。

（4）液压机构突然失压：立即断开电机电源及断路器操作电源，严禁操作，汇报调度。如能倒负荷的，根据命令，将负荷倒换出去，采取措施后将故障断路器隔离。利用断路器上的机械闭锁装置，将断路器锁紧在合闸位置上。

九、断路器合闸直流电源消失的处理

（1）合闸电源空气开关跳开或合闸电源熔断器熔断：重新合上合闸电源空气开关或更换合闸电源熔断器。

（2）其他原因：检查合闸回路有无明显故障（如合闸线圈、合闸继电器、辅助开关等）现象，可将直流电源开关试合一次。如试合成功，则说明正常。如合闸电源空气开关再次跳开或合闸熔断器再次熔断，则说明直流回路确有问题，应申请调度停用该断路器重合闸，并通知专业人员进行处理。

第四节 隔离开关异常运行处理

一、隔离开关接触部分发热

1. 隔离开关发热的判断

在巡视设备时，对隔离开关接触部分，可根据其触头部分的热气流、发热或变色及测量其触头部分的温度是否超过 70 ℃ 等方法来判断其发热的情况。

2. 隔离开关发热的处理

造成发热的原因通常是压紧的弹簧式螺柱松动或表面氧化等。应根据不同的接线方式分别进行处理。

（1）双母线接线方式时：

若系母线侧隔离开关发热，则应将该回路倒至另一组母线运行，然后拉开发热的隔离开关。

在检修发热的隔离开关时，应将母线停电，同时其回路的断路器也应停电，可以用旁路断路器代其运行，若无旁路断路器时，则应将该回路停电。

（2）单母线接线方式时：

若系母线侧隔离开关发热，应汇报调度，要求减轻负荷。若有旁路断路器，应用旁路断路器代其运行，若无旁路断路器，最好将该线路停电。若因负荷重要性关系不能停电又不能减轻负荷时，须加强监视，当其发热到比较严重的程度时，应将其作事故处理，即断开其断路器。

当检修发热的隔离开关时，应将该母线停电，即造成该母线上的回路全部停电，或者该母线不停电，采取带电作业的办法。

3. 实例分析：110 kV 黄金变 35 kV 黄磨线 3033 隔离开关 A 相严重过热

（1）现象：黄磨线 3033 隔离开关 A 相严重过热，触头闸片变红。

（2）处理步骤：

① 记录巡视发现时间；

② 将情况立即报告调度；

③ 按调令将 35 kV 黄磨线停电。

二、隔离开关瓷瓶有裂纹、破损

其损坏程度不严重时，可以继续运行，但是隔离开关瓷瓶有放电现象或者其损坏程度严重时，应将其停电。在该隔离开关操作中，应注意不要带电拉开，防止操作时瓷瓶断裂造成母线或线路事故。例如，其回路的母线侧隔离开关瓷瓶严重损坏，应该将其所在母线停电，断开该回路断路器和线路侧隔离开关，最后拉开该隔离开关。

三、隔离开关不能分、合闸

出现这种情况，应分析其原因，禁止盲目强行操作，不同的故障原因应采取不同的方法处理。

（1）若系防误装置（电磁锁、机械闭锁、电气回路闭锁、程序锁）失灵，运行人员应停止操作，并检查其操作程序是否正确。检查操作程序正确后，将情况汇报站长，经站长判断确系防误装置失灵，方可按相关规定解除其闭锁进行操作，或作缺陷上报，待检修人员处理正常后方可操作。

（2）若系隔离开关操动机构（如电动机控制电源回路故障）问题，应将其处理恢复正常后进行操作，不能处理或电动操作机构的电机故障时，可以改为手动操作。但应注意，在手动操作时，应将电机电源断开，避免电机突然转动伤到操作人员。

（3）若系隔离开关本身传动机械故障而不能操作时，应汇报调度，要求将其停电处理。

（4）若冰冻或锈蚀影响正常操作时，不要用很大的冲击力量，而应用较小的推动力量去克服不正常的阻力，待操作灵活些时再加力操作。

（5）在操作时，发现隔离开关的刀刃与刀嘴接触部分有抵触时，不应强行操作，否则可能使支持瓷瓶破损而造成事故，此时应将其停用进行处理。

第五节 线路、母线异常运行处理

一、小电流系统接地的选择与处理

1. 中性点不接地系统运行特点

中性点不接地或经消弧线圈接地系统又称为小电流接地系统，在我国 63 kV、35 kV、10 kV 及 6 kV 系统中多为小电流接地系统，有时在 380 kV 系统中也有采用中性点不接地系统。在正常对称运行时与中性点接地系统相同，而在单相接地时则不同，中性点不接地系统的特点为：

（1）发生单相一点接地时，由于系统与地未造成回路，所以短路点流过的电流较小，主要为容性不平衡电流。

（2）发生单相一点接地时，线电压大小不变且对称，因此仍可维持运行一段时间，一般规定不超过 2 h。

（3）发生单相一点接地时，非故障相对地电压升高，系统中的绝缘薄弱环节可能因此击穿，造成短路故障。

（4）故障点易产生间歇性电弧，可能造成谐振，产生谐振过电压，损失设备，扩大事故。

2. 处理小电流接地系统接地的原则

小电流接地系统是指中性点不接地或经消弧线圈接地的系统，我国 63 kV 及以下电网多为小电流接地系统。处理小电流接地系统应遵循以下原则：

（1）根据接地现象正确判断出接地相及类型。

（2）发生接地后要先巡视所内设备是否有接地，如所内有接地应及时处理。

（3）当所内无接地时应按调令选线，选线前检查重合闸是否运行良好。选线过程中如果重合闸不动作，要手动强送线路。

（4）对于间歇性接地，因接地持续时间过短无法进行选线。对设备加强监视，并将情况随时报告调度。

（5）在选择双回线接地点时，要和调度取得联系，此时需对侧配合解开对侧开关。

3. 小电流接地系统永久性接地处理的步骤

（1）复归音响、记录时间；

（2）检查表计、光字牌，将情况向调度汇报；

（3）停运所内接地系统装有 Y 结线电容器组，防止电容器组长时间承受线电压损坏；

（4）穿绝缘靴，检查所内接地系统全部设备，发现接地及时处理；

（5）检查所内有无接地点，将上述情况报告调度，并按调度命令或下达的选线顺序进行选线；查找单相接地故障的顺序一般为：① 空载线路或检修完刚进行充电的设备或线路；② 有备用的设备或回路倒换负荷至备用后停电查找；③ 历史纪录经常发生接地的设备或线路；④ 分支多，线路长，负荷小，不太重要的线路；⑤ 较重要的负荷线路；⑥ 对重要的负荷线路，应汇报调度转移负荷后进行停电检查。

（6）选线前先检查被选线路重合闸投入情况是否良好；

（7）用选线按钮依次进行选线，选线中如重合闸未启动，应立即用开关把手进行合闸；

（8）用开关把手选线时，拉开开关后要立即再合上开关，不要停留时间过长；

（9）将选择结果报告调度，如不能及时处理可带接地点运行 2 h；

（10）注意监视设备（消弧线圈、母线、避雷器）运行情况。

4. 故障实例：110 kV 黄金变电站 35 kV Ⅰ、Ⅱ 母系统 A 相完全接地

（1）异常现象

① 事故音响，警铃响。

② 监控机有事故报文：

XX/XX/XX　　XX：XX：XX 10 kV Ⅰ 母接地

XX/XX/XX　　XX：XX：XX 10 kV Ⅱ 母接地

XX/XX/XX　　XX：XX：XX 1 号主变低压零序过电压告警

XX/XX/XX　　XX：XX：XX 2 号主变低压零序过电压出口动作

XX/XX/XX　　XX：XX：XX 2 号主变低压零序过电压告警。

③ 10 kV Ⅰ 母、10 kV Ⅱ 母 A 相电压指示为 0，B、C 相电压升高为线电压。

（2）处理步骤

① 复归音响，记录故障时间；

② 查看监控机信息：

a. 报文信息

b. 查看主界面：无跳闸断路器；

c. 查看 10 kV Ⅰ 母和 10 kV Ⅱ 母三相电压；

d、初步判断事故：35 kV Ⅰ、Ⅱ 母系统 A 相完全接地。

③ 向调度作简明汇报；

④ 查找接地点及处理：

a. 先断开 10 kV 分段 010 断路器，确定故障点是在 10 kV Ⅰ 段母线还是在 10 kV Ⅱ 段母线上。

b. 判断确认接地点所在哪段母线后，对该母线上各条线路用试拉法逐条试停电查找。

◆ 若接地现象在停某一线路时消失，说明此线路上有接地，应将该线路停电。

◆ 若逐条线路试停电查找，接地现象都没有消失，那么就可能是母线设备故障接地或两条线路同时同相接地。此时，可通过用试拉法逐次同时对两条线路试停电查找，找到故障，说明是两条线路同时同相接地。

c. 用试拉法进行停电查找后，接地点仍未消除，则可判断为母线接地。在确认某一段母线接地的情况下，可通过以下方法查找是母线上接地还是电压互感器上接地。

◆ 将该段母线上所有断路器断开，在母线无电压的情况下，拉开该段母线电压互感器隔离开关，将该段母线腾空，合上 10 kV 分段 010 断路器对该段母线充电，此时检查母线电压指示（此时母线电压指示可通过另一台投入的母线电压互感器来反映），如一相降低或为零，另两相升高或达到线电压，则说明该段母线有接地。此时应将该段接地母线停电检查处理。

◆ 如上述方法未能判断接地点，则说明接地点在该段母线电压互感器上，此时，可将该段母线上所有断路器断开，在母线无电压的情况下，合上该段母线电压互感器隔离开关，然后合上 10 kV 分段 010 断路器对该段母线充电，此时检查母线电压指示，如一相降低或为 0，另两相升高或达到线电压，则说明该段母线电压互感器上有接地。此时应断开 10 kV 分段 010 断路器，在该段故障母线无电压的情况下，拉开该段母线电压互感器隔离开关对电压互感器进行检查处理，然后再合上 10 kV 分段 010 断路器，检查母线电压正常后，将两段母线电压互感器二次电压回路并列运行，最后恢复原停电线路及设备的运行。

⑤ 最后向调度汇报处理情况及当前运行方式，并作好操作记录，发现故障或异常的应作好设备缺陷记录。并将上述各项内容（接地发生的时间、信号、处理过程等）记录在运行工作记录中。

二、母线差动保护回路断线

实例分析：220 kV 实训变电站 220 kV A 套母差电流回路 B 相断线

1. 异常信号

（1）预告警铃响；
（2）SOE 信息：TA 断线，A 套母差保护装置异常；
（3）光字信息：TA 断线，A 套母差保护装置异常。

2. 检查处理

（1）检查监控机告警窗信息、光字信息；
（2）记录故障及异常时间、现象，向调度汇报，并复归音响信号；
（3）三相电流、功率等有关数据对照、比较；
（4）停用可能误动的 A 套母差保护；
（5）检查电流互感器本体有无噪声、振动等不均匀的声音，有无严重发热，有无异味、变色、冒烟等。电流互感器本体有明显异常，应立即汇报调度，转移负荷，停电处理；
（6）检查出线端子箱。检查是否因端子箱受潮、进水，电流端子锈蚀或引线接触不良；
（7）检查电流互感器二次回路端子、元件线头等有无放电、打火现象；
（8）检查回路各装置的端子、元件有无冒烟烧坏；
（9）当负荷电流较小时，可由专业检修人员采用短接电流二次回路的方法处理；
（10）若负荷电流较大时，可先向值班调度员申请，减小一次负荷电流；
（11）当负荷电流大时，开路点严重放电，并危及设备绝缘时，应向值班调度员申请将一次设备停电处理；

(12) 断线故障处理后,将封线拆除,全面检查运行情况,投入退出的保护,恢复正常运行;

(13) 对于故障退出的电流互感器,应进行必要的电气试验和处理。

3. 质量要求

(1) 值班人员应听从值班长统一安排进行事异常处理;

(2) 严格执行变电站安全、运行规程;

(3) 准备好异常处理需要的安全用具、钥匙、应急灯等工具;

(4) 查找和处理电流互感器开路时,检查人员应穿好绝缘鞋、戴好绝缘手套,应至少两人进行,一人负责监督,避免在工作中误动、误碰运行设备;

(5) 当开路点明显,负荷电流较小时,运行人员能自行处理的(端子松脱、接触不良等),在应急情况下可进行处理;若不能处理的,汇报上级要求专业人员处理;

(6) 正确停用容易误动的保护及自动装置;

(7) 故障处理果断、正确;

(8) 不错项、倒项、漏项;

(9) 及时记录,汇报调度及相关人员(站长、部门领导)。

4. 记录填写

(1) 进入生产管理信息系统做好调度指令记录、运行工作记录;

(2) 在系统中正确录入相关记录,内容描述准确、精练;

(3) 正确填写缺陷单并推入流程;

(4) 正确填写危险点分析及控制措施单。

三、母线电压消失

1. 母线电压消失的主要原因

母线电压消失主要由母线本身故障保护跳闸、下级元件越级造成母线跳闸及电源对侧失电三方面原因引起,具体可分为:

(1) 母线保护范围内的设备发生故障,母线跳闸造成电压消失。

(2) 母线保护或主变电压后备保护误动使母线电压消失。

(3) 母线所接的电源线路对侧电源消失造成母线电压消失。

(4) 母线供电的线路及主变压器越级跳闸造成该母线电压消失。

(5) 一组母线故障越级跳闸,造成全部母线电压消失。

(6) 人为误碰母线保护或误操作造成母线电压消失。

2. 母线电压消失的主要现象

(1) 警报响,警铃响,中央信号"掉牌未复归"光字牌亮。

(2) 该母线的电压表指示为零,接在该母线的主变压器和出线负荷全部消失,电流表、功率表指示为零。

（3）该母线所接主变压器和带有距离保护的线路"电压回路断线"、微机保护的"装置闭锁"光字牌亮，拒动开关可能有"跳闸闭锁"、"合闸闭锁"光字牌亮。

（4）相应保护动作掉牌或保护动作信号灯亮，跳闸开关红灯灭，绿灯闪光，拒动开关可能红、绿灯都灭。

3. 母线电压消失的处理步骤

（1）复归音响，记录时间。

（2）查看光字牌、表计指示、开关指示灯，若某开关红、绿灯均不亮，应立即瞬间拉合一次该开关操作直流保险，若红灯亮，说明该开关拒跳。若指示灯不亮，则应更换其操作直流保险。

（3）检查保护动作情况，记录并复归动作信号，复归跳闸开关把手，初步判断事故的性质，将事故现象和初步判断结论报告调度。

（4）检查一、二次设备，隔离一次故障设备，停用二次异常设备，根据全面检查结果做出定性判断，将检查结果和判断结论报告调度。

（5）按调度命令根据事故类型做出相应处理，详见相关各单元。

4. 母线保护使用中需说明的问题

（1）母差保护误动造成双母线均跳闸或单母线跳闸时，应停用母差保护，恢复母线和线路送电，并通知继电人员尽快检查母差保护。人员误碰造成母线跳闸，应立即恢复母线和线路送电。误操作造成母线跳闸，一般都伴有设备损坏，应按母线故障跳闸处理。

（2）当母线设备没有母差保护时，母线故障时由主变压器后备保护动作切除该母线。如果跳闸母线有故障应按母线故障跳闸处理，如果跳闸母线无故障，应首先考虑到是线路越级跳闸造成，此时按线路越级跳闸原则处理，查不出原因经调度同意可试送。

四、母线绝缘子破损、放电

母线所配支柱或悬式绝缘子一旦破损，会造成母线接地或相间短路，严重的可能由于绝缘子击穿放电而造成母线烧坏、烧断。此外，母线绝缘子因绝缘不良或击穿等故障影响，会出现明显放电现象，尤其在大雾或雪雨天气，因此，一旦发现母线绝缘子破损、放电，值班人员应尽快报告调度，停电处理；在停电更换绝缘子前，应加强对破损绝缘子的监视，增加巡回检查次数。

五、硬母线变形

运行中的硬母线在正常状态下，相间与相对地间的安全距离裕度不大，一旦发生母线变形，可能会引起安全距离不满足要求，从而造成母线短路或接地事故。发现硬母线变形时，一方面应尽快报告调度，请求停电处理，另一方面应尽可能找出变形原因：外力造成机械损伤、母线过热、母线通过了较大的短路电流等，以利于尽快消除变形。

六、母线过热

母线在运行中，因严重过负荷或母线与引线间接触不良，母线隔离开关接触不良，都会引起母线发热。一旦发现母线过热发红时（尤其是高峰负荷期，极易出现母线接头温升超标过热），值班员应立即向调度报告，采取倒换备用母线，转移负荷，直至用停电检修等方法处理。

七、母线出现异常声响

可能是由与母线连接的金具松动或铜铝搭接处氧化引起的，此时值班员应立即向调度报告，通过倒换母线，停用故障母线进行处理。

八、母线电压不平衡

母线三相电压不平衡时，应根据具体情况，查明原因，分别处理。造成母线三相电压不平衡的原因有：

（1）输电线路发生金属性接地或非金属性接地故障；
（2）电压互感器一、二次侧熔断；
（3）空母线或线路的对地电容电流不平衡，出现假接地；
（4）输电线路与消弧线圈分接头不匹配出现假接地等原因具体分析处理。

第六节　互感器异常运行处理

一、电压互感器异常运行处理

（一）电压互感器在以下情况应退出运行

（1）瓷套出现裂纹或破损。
（2）互感器有严重放电，已威胁安全运行时。
（3）互感器内部有异常响声、异味、冒烟或着火。
（4）树脂浇注电压互感器出现表面严重裂纹、放电。
（5）互感器本题或引线端子严重过热。
（6）充油式互感器严重漏油。
（7）电容式电压互感器电容单元出现渗漏油。
（8）SF_6 气体严重漏气，其压力低于规定值。
（9）经红外测温检查发现内部有过热现象。

（二）电磁式电压互感器异常情况

（1）三相电压指示不平衡，一相降低，另两相正常，线电压不正常，或伴有声、光信号，可能是互感器高压或低压熔断器熔断；若是新投运的互感器有可能是变比不相等，应及时处理。

（2）在中性点不接地系统中，一相电压降低，另两相电压升高或指针摆动，可能是单相接地故障或基频谐振，或负荷较轻时，三相对地电容电流不平衡；如三相电压同时升高，并超过线电压，则可能是分频或高频谐振，应采取措施。

（3）在中性点直接接地系统中，当母线倒闸操作时，出现相电压升高并以低频摆动，一般为串联谐振现象。若无任何操作，突然出现相电压升高或降低，则可能是互感器内部绝缘故障；上述两种情况均应立即退出运行，进行检查。

（4）在中性点直接接地系统中，电压互感器投运时出现电压指示不稳，可能是高压绕组端接触不良，应立即退出运行，进行检查。

（三）电容式电压互感器异常情况

（1）三相电压不平衡，开口三角有较高电压，设备有异常响声并发热，可能是阻尼回路不良引起自身谐振现象，应立即停止运行。

（2）二次输出为零，可能是中压回路开路或短路，电容单元内部连接断开，或二次接线短路。

（3）二次输出电压高，可能是电容器 C1 有元件损坏，或电容单元低压末端接地。

（4）二次电压输出低，可能是电容器 C2 有元件损坏，二次过负荷或未接载波回路；如果是速饱和电抗器型阻尼器，有可能是参数配合不当。

（四）电压互感器断线

1. 电压断线的原因

（1）测量回路：测量表计电压回路端子排螺丝松动，表计电压线圈断线；电压互感器刀闸转换接点 G 接触不良，1ZJ 重动继电器失磁。

（2）保护回路：保护电压回路端子排螺丝松动，保护内部电压元件线圈断线；该回路刀闸转换接点 G 接触不良，1ZJ 重动继电器失磁。

（3）电压互感器电压回路：该母线电压互感器二次保险熔断，二次快分开关跳开，电压互感器二次线圈断线。

2. 电压回路断线的现象

（1）表计回路：有功表、无功表、电压表无指示或指示降低，电度表转速减慢。

（2）保护回路：保护"电压回路断线"、"装置闭锁"、"装置异常"光字牌亮或微机保护打印"PTDX"。远动装置接收不到信号。

3. 电压回路断线故障处理的步骤

（1）如果是发生在测量回路，首先应测量表计之间电压（线电压）是否为 100 V，如电压正常,则说明表计内部有问题。如电压不为 100 V,应检查 PT 端子箱内 A630、B630、C630 电压是否正常,如不正常,应进一步检查刀闸转换接点电源侧 A602、B602、C602 电压是否正常,如不平衡,应测量二次保险电源侧 A601、B601、C601 电压情况。现大部分变电所保护、测量电压是通过相应的电压切换继电器取得,当检查转换接点负荷侧有电压,而测量及保护回路无电压时,应检查电压切换器是否断线或直流消失。则可判断出电压回路有何故障。如是二次保险熔断,可以试送一次,如再断则不准再送。也不准将二次并列开关合上。一般二次保险熔断和刀闸转换接点接触不良的情况较多,值班员应掌握此类故障处理方法。

(2)如果是发生在保护回路,应根据光字牌指示情况,向调度申请停用有可能误动的电压保护:距离保护、低周减载装置、振解装置等。应立即检查电压回路,并检查 1ZJ 重动继电器是否励磁,如没有励磁应逐一检查刀闸转换接点、空气开关两侧电压是否正常,则可判断出故障范围。如是二次空气开关跳开,检查刀闸转换接点无短路,可以试合一次,如再跳开则不准再送。也不准将二次并列开关合上,也不准进行倒母线操作。一般二次空气开关跳闸和刀闸转换接点接触不良的情况较多,值班员应掌握此类故障处理方法。

4. 实例分析:220 kV 实训变电站 220 kV Ⅱ 母电压回路断线

(1)异常信号:

① 预告警铃响;

② 220 kV Ⅱ 母电压指示为零;

③ SOE 信息:220 kV Ⅱ 母电压回路断线,装置异常;

④ 光字信息:TV 断线,保护装置异常;

⑤ 故障录波启动。

(2)检查处理:

① 检查监控机告警窗信息、光字信息;

② 记录故障及异常时间、现象,向调度汇报,并复归音响信号;

③ 检查电压回路空气开关是否跳闸,根据现场运行规程及调度指令停用容易误动的保护装置;

④ 检查二次回路有无短路或故障;

⑤ 检查电压互感器一次设备运行是否正常;

⑥ 如果外观检查未发现异常,可试送电压回路空气开关一次;

⑦ 如果试送不成功,不得再进行试送,应查找故障点进行排除;

⑧ 将检查结果汇报调度和工区领导。

(3)质量要求:

① 值班人员应听从值班长统一安排进行事异常处理;

② 严格执行变电站安全、运行规程;

③ 准备好异常处理需要的安全用具、钥匙、万用表、应急灯等工具;

④ 正确检查电压回路断线故障;

⑤ 正确停用容易误动的保护及自动装置;

⑥ 故障处理果断、正确;

⑦ 不错项、倒项、漏项;

⑧ 及时记录，汇报调度及相关人员（站长、部门领导）。

（4）记录填写：

① 进入生产管理信息系统做好调度指令记录、运行工作记录；

② 在系统中正确录入相关记录，内容描述准确、精练；

③ 正确填写缺陷单并推入流程；

④ 正确填写危险点分析及控制措施单。

（五）充油式互感器渗漏油的处理

（1）互感器本体渗漏油若不严重，并且油位正常，应加强监视。

（2）互感器本体渗漏油严重，并且油位未低于下限，但一时又不能停电检修，应加强监视，增加巡视的次数；若低于下限，则应将电压互感器停运。

（3）互感器严重漏油应申请调度进行停电处理。

（六）电压互感器铁磁谐振

1. 铁磁谐振的危害

电压互感器发生铁磁谐振的直接危害是：

（1）由于谐振时电压互感器一次绕组通过相当大的电流，在一次熔断器尚未熔断时可能使电压互感器绕组烧坏。

（2）造成电压互感器一次熔断器熔断。

电压互感器发生铁磁谐振的间接危害是：当电压互感器一次熔断器熔断后，将造成部分继电保护和自动装置的误动作，从而扩大了事故。

2. 铁磁谐振的处理

（1）当只有带电压互感器的空载母线上产生电压互感器基波谐振时，应立即投备用设备，改变电网参数，消除谐振。

（2）当发生单相接地产生电压互感器分频谐振时，应立即投入一个单相负荷。

（3）发生谐振尚未造成一次熔断器熔断时，应立即停用有关失压容易误动的保护和自动装置。母线有备用电源时，应切换到备用电源，以改变系统参数消除谐振。

（4）谐振时电压互感器一次电流很大，应禁止用拉开电压互感器隔离开关的办法来消除谐振。

（七）电压互感器二次空气开关跳闸

1. 电压互感器二次空气开关跳闸的原因

（1）电压互感器二次回路有短路现象；

（2）电压互感器二次绕组匝间短路及其他故障；

（3）电压互感器二次空气开关本身机械故障造成脱扣。

2. 电压互感器二次空气开关跳闸的处理

（1）二次空气开关跳闸时，应查明是哪个回路的空气开关跳闸，然后，对照图纸查明该回路所带负荷情况，以判断是否为该回路所带负荷过大引起。

（2）如是测量或计量回路，则应记录其故障的起止时间，以便估算漏计的电量。

（3）若外观检查未发现短路点，可在本段母线上各单元有关保护停用的情况下，试合一次、二次空气开关。如试合成功，则可启用相应保护；如未成功，则进一步检查短路点，尽快排除。

（4）单母线分段（或双母线接线）方式的电压互感器二次空开跳闸，如查明是二次回路故障引起，此时不能对二次电压回路进行并列操作。防止引起另一台电压互感器二次空气开关跳闸。

二、电流互感器异常运行的处理

（一）电流互感器在以下情况应立即停用

（1）电流互感器发热，温度过高，甚至冒烟起火。
（2）电流互感器内部有"噼啪"声或其他噪声。
（3）电流互感器内部引线出口处有严重喷油、漏油现象。
（4）电流互感器内部发出焦臭味且冒烟。
（5）绕组与外壳之间或引线与外壳之间有火花放电，电流互感器本体有单相接地现象。

（二）电流互感器断线

1. 电流回路断线原因

（1）电流互感器内部故障，造成二次线圈开路断线。
（2）电流互感器二次电缆损坏，造成二次仪表和保护装置断线。
（3）仪表和保护装置本身电流线圈损坏造成二次电流断线。
（4）电流互感器端子箱端子、仪表和保护屏端子排端子、仪表和继电器接线端子螺丝松动引起二次断线。

2. 电流回路断线的现象

（1）警铃响，中央信号屏"掉牌未复归"光字牌亮。
（2）测量线圈断线时电流互感器二次所接电流表指示为零，其他功率表、电能表可能指示为零或减慢，仪表指示不正常。
（3）保护用线圈断线时电流互感器二次所接保护发"电流回路断线"、"装置异常"等告警信号。
（4）检查断线二次线圈各接线端及装置，可能发现屏内接线端有放电产生的电火花现象，电流互感器、仪表、继电器等内部可能有异音。

3. 电流回路断线的处理步骤

（1）恢复音响，记录时间。
（2）检查各表计、光字牌及保护信号动作情况，做好记录。

（3）戴绝缘手套，穿好绝缘靴，配好绝缘封线，检查室内设备。到相应仪表和保护屏检查，检查端子排端子，仪表及继电器接线端，听仪表及继电器内部声音。在检查过程中如果发现是保护回路断线，应申请停用该回路相关保护。如发现端子松动，用螺丝刀紧固好，如果有断线放电，应在该回路前段入口处用封线将进线封死，再将断线接上或用螺丝拧紧；如果是仪表或继电器内部损坏，应通知专业人员来处理。

（4）室内检查无问题的，应到室外去检查，检查连接电缆是否有断线，看端子箱端子是否有松动，听电流互感器内部是否有异音，涉及的保护回路应停用相应保护。发现松动的端子应用螺丝刀紧固；连接电缆断线应通知专业人员处理；如果是电流互感器故障，应申请停电检修。

（三）电流互感器运行声音异常

1. 电流互感器在运行中发生声音异常的原因

（1）铁芯松动，发出不随一次负荷变化的"嗡嗡"声；此外半导体漆涂刷得不均匀形成的内部电晕以及夹铁螺钉松动等也会使电流互感器产生较大声响。

（2）某些离开叠层的硅钢片，在空载或轻负荷时，会有一定的"嗡嗡"声。

（3）二次回路开路。

2. 电流互感器运行声音异常的处理

（1）在运行中，若发现电流互感器有异常声音，可从声响、表计指示及保护异常等情况判断二次回路是否开路；若是，则可按二次回路开路的处理方法进行处理。

（2）若不属于二次回路开路故障，而是本体故障，应转移负荷并申请停电处理。

（3）若声音异常较轻，可不立即停电；但必须加强监视，同时向上级调度及主管汇报，安排停电处理。

（四）电流互感器过负荷及处理

电流互感器不允许长时间过负荷运行。电流互感器过负荷一方面可使铁芯磁通密度饱和或过饱和，使电流互感器误差增大，测量不准确，不容易掌握实际负荷；另一方由于磁通增大，使铁芯和二次绕组过热、绝缘老化快甚至出现损坏等情况。当发现电流互感器过负荷时，应立即向调度汇报，设法转移负荷或减负荷。

（五）电流互感器内部故障的处理

（1）立即汇报调度，申请停电处理。

（2）隔离故障电流互感器。

（3）隔离故障电流互感器，在未停电之前，禁止在故障的电流互感器二次回路上工作。

（4）故障的电流互感器停电后，应将该电流互感器的二次侧所接保护及自动装置停用。

（5）电流互感器着火，切断电源后，用干粉、1211灭火器灭火。

（6）故障的电流互感器在停电前应加强监视。

第七节 补偿装置异常运行处理

一、电容器渗油的处理（见表 4.2）

表 4.2 电容器渗油的处理

序号	原　因	处理方法
1	搬运、安装、检修造成法兰或焊接处损伤	1. 如渗油不严重，可不申请停电处理，但必须随时监视。并按缺陷管理制度上报。 2. 若渗油严重，必须申请停电进行处理。
2	接线时拧螺钉过紧，瓷套焊接处损伤	
3	长期运行的外壳锈蚀可能引起渗漏油	
4	温度急剧变化	
5	设计不合理，如使用硬排连接，由于热胀冷缩，极易拉断电容器套管	
6	制造中存在缺陷	

二、电容器温度过高的处理（见表 4.3）

表 4.3 电容器温度过高的的处理

序号	原　因	处理方法
1	环境温度过高，电容器布置过密	运行中必须严密监视和控制环境温度，或采取冷却措施以控制温度在允许范围内，如控制不住，则应停电处理。在高温、大负荷的情况下，应定时对电容器进行温度检测。
2	高次谐波电流影响	
3	频繁投切电容器，反复受过电压作用	
4	介质老化，介质损耗增加	
5	过负荷	
6	电容器冷却条件变差	

三、电容器运行电压过高的处理（见表 4.4）

表 4.4 电容器运行电压过高的处理

序号	原　因	处理方法
1	电网负荷的变化	1. 当电网电压超过电容器额定电压的 1.1 倍时，应将电容器退出运行。 2. 若操作过程中引起操作电压高，并由过电压信号报警，则应将电容器断开。
2	电网电压的波动会引起电压高	
3	电容器在操作过程中产生高电压	

四、电容器外壳膨胀的处理（见表 4.5）

表 4.5　电容器外壳膨胀的处理

序号	原因	处理方法
1	运行电压过高	发现外壳膨胀，应采取强力通风降低电容器温度；膨胀严重的电容器应立即申请停电处理。
2	断路器重燃引起的操作过电压	
3	电容器本身质量差	
4	周围环境温度过高	

五、全站失压时电容器的处理

当全站无压后，有低电压保护的电容器断路器会自动跳闸，但如果因特殊原因有未跳开的。此时，必须手动将未跳开的电容器断路器断开。因为若不断开，在来电后母线电压较高，电容器会在高电压下充电，有可能造成电容器严重喷油或鼓肚。同时，因为母线没有负荷，电容器充电后，大量无功向系统倒送，致使母线电压升高；该电压值可能超过电容器允许连续运行的电压值。另外，当空载变压器投入时，可能会产生共振，其产生的电流可达电容器额定电流的 2～5 倍，持续时间为 1～30 s，可能引起过流保护动作。

因此，当全站无压后，电容器断路器应自动或手动断开。来电后，根据母线电压及系统无功补偿情况投入电容器。

综合练习

一、简答题

1. 什么是电气设备的正常运行状态？什么是电气设备的异常运行状态？
2. 电气设备发生异常或事故时，大体有哪些现象？
3. 造成变压器轻瓦斯动作的原因有哪些？
4. 如何根据气体的颜色和可燃性来初步判断变压器故障性质？
5. 主变压器冷却方式有哪些？
6. 主变压器冷却系统故障的现象有哪些？
7. 造成变压器冷却系统故障的原因有哪些？
8. 造成变压器油温异常升高的原因有哪些？
9. 造成变压器油位过低的原因有哪些？如何处理？
10. 造成变压器油位过高的原因有哪些？如何处理？
11. 当六氟化硫断路器内的 SF_6 气体泄漏时，对断路器电气性能将产生哪些影响？
12. 真空断路器真空度失效或降低的原因主要有哪些？

13. 真空断路器真空度异常如何处理？
14. 断路器拒绝分、合闸的原因可能有哪些？
15. 造成隔离开关触头发热的原因有哪些？如何处理？
16. 中性点不接地系统在发生单相接地故障时，有哪些特点？
17. 简述处理小电流接地系统接地的原则。
18. 母线电压消失的主要原因有哪些？有哪些现象？如何处理？
19. 造成母线三相电压不平衡的主要原因有哪些？
20. 电压互感器在哪些情况应退出运行？
21. 电压互感器电压回路断线有哪些现象？
22. 电压互感器发生铁磁谐振的直接危害有哪些？如何处理？
23. 电流互感器在哪些情况应立即停用？
24. 电流互感器电流回路断线的原因有哪些？
25. 电流互感器电流回路断线有哪些现象？
26. 电流互感器运行声音异常如何处理？
27. 电流互感器过负荷运行如何处理？
28. 电容器运行电压过高如何处理？
29. 电容器温度过高如何处理？
30. 电容器渗油如何处理？

二、实操项目

1. 对 110 kV 黄金变电站"1 号主变轻瓦斯动作"进行仿真处理。

2. 对 110 kV 黄金变电站"35 kV 黄磨线 B 相金属性接地故障"进行仿真处理。

3. 简述 220 kV 实训变电站"220 kV 实训Ⅱ回 203 断路器 SF_6 气体泄漏，气体压力降低至闭锁值"的处理过程。

4. 简述 220 kV 实训变电站"220 kV 实训Ⅱ回 2031 隔离开关 A 相严重过热"的处理过程。

5. 简述 220 kV 实训变电站"220 kV 实训Ⅱ回 2033 隔离开关 A 相严重过热"的处理过程。

第五章　电气设备事故处理

本章主要介绍电气事故处理的一般原则、步骤及流程，以及线路、变压器、母线、电容器及站用系统常见事故产生的原因、事故现象及处理步骤。

☞ **学习目标**

1. 知识目标

（1）理解电气事故处理的一般原则、步骤及流程。

（2）了解线路、变压器、母线、电容器及站用系统常见事故产生的原因，熟悉其事故现象，并掌握其处理方法。

2. 能力目标

能够根据事故现象，进行事故性质的判断，并进行仿真处理，处理过程必须规范，并会做相关记录。

第一节　概　述

一、事故的危害

电力事故影响对用户的正常供电，损坏电气设备，甚至可能导致电力系统的瓦解，造成大面积停电，对国民经济建设和人民生命财产安全构成威胁。

二、事故主要现象

（1）电气设备出现异常运行声响或出现放电、爆炸。

（2）报警信号出现、保护、自动控制装置动作，遥测、遥信异常变化。

（3）断路器动作跳闸。

（4）电气设备出现变形、裂碎、变色、烧毁、烟火、喷油等异常现象。

三、引起事故的主要原因

所谓电力系统事故是指电力系统设备故障或人员工作失误，影响电能供应数量或质量并

超过规定范围的事件。引起电力系统事故的原因是多方面的,主要有以下几个方面的原因:

(1)自然灾害;

(2)设备缺陷;

(3)保护误动;

(4)运行方式不合理;

(5)检修质量不好。

四、事故的类别

电力系统事故依据事故范围大小可分为两大类,即局部事故和系统事故。

(1)局部事故是指系统中个别元件发生故障,使局部地区电压发生变化,用户用电受到影响的事件。

(2)系统事故是指系统内主干联络线跳闸或失去大电源,引起全系统频率、电压急剧变化,造成供电电能数量或质量超过规定范围,甚至造成系统瓦解或大面积停电的事件。

五、常见的电力系统事故

(1)主要电气设备的绝缘损坏,如由于绝缘损坏造成发电机、变压器烧毁事故。严重时将扩大为系统失去稳定及大面积停电事故。

(2)电气误操作,如带负荷拉刀闸、带电合接地线、带地线合闸等恶性事故。

(3)继电保护及自动装置拒动或误动。

(4)自然灾害,包括大雾、暴风、大雪、冰雹、雷电等恶劣天气引起线路倒杆、断线、引线放电等事故。

(5)绝缘子或绝缘套管损坏引起事故。

(6)高压开关、刀闸机构问题引起高压开关柜及刀闸带负荷自分。

(7)系统失稳,大面积停电。

(8)现场不能正确汇报造成事故或事故扩大。

六、电力系统事故预防措施

(1)提高调度系统人员技能素质。

(2)编制合理的系统运行方式(如电源平衡和结线方式)。

(3)创造条件及时消除设备缺陷及系统的薄弱环节。

(4)利用状态估计、DTS、静态安全分析等高级应用软件,加强培训,提高调度运行人员处理事故的能力。

(5)严格贯彻执行各项规章制度。

(6)提高电网调度系统技术装备水平。

(7)加强事故预想和反事故演习,提高对事故处理的应变能力。

第二节　事故处理的原则、程序

一、事故处理的一般原则

1. 事故处理的基本原则

事故发生时，值班员应按"保人身、保电网、保设备"的基本原则进行处理。

2. 事故处理的一般原则

电力系统发生事故时，各单位的运行人员在上级值班调度员的指挥下处理事故，并做到如下几点：

（1）沉着冷静的判断事故原因迅速限制事故的发展，解除对人身和设备安全的威胁，并消除和隔离事故的根源。

（2）用一切可能的方法保持设备继续运行，首先保证站用电和重要用户的供电，如果发生间断，则应优先恢复站用电。

（3）尽快对已停电的用户恢复用电。

（4）当设备发生异常或故障需停电时，应首先投入备用设备，再将异常设备退出转检修。尽快限制事故的发展，消除事故的根源并解除对人身和设备安全的威胁，防止系统稳定破坏或瓦解。

二、事故处理的一般要求

（1）各级当值调度员是事故处理的指挥人。运行值班负责人是事故处理的现场领导人，应对事故处理的正确性、迅速程度负责。因此，变电所运行人员与值班调度员要密切配合，处理要迅速果断。

（2）发生事故时，值班负责人应迅速向有关当值调度汇报。准确简要汇报事故发生的时间、现象、设备名称、编号、跳闸开关，继电保护和自装置动作情况，以及当时频率、电压、潮流变化等，听候处理。

（3）发生事故和异常时，值班人员应坚守岗位，正确执行当值调度员和值班长的命令。值班人员如果认为调度命令有误，应该先指出，并做必要解释。如果值班调度员认为调令正确，变电所值班人员要立即执行。如果确认该调令直接威胁人身及设备的安全，那么现场值班人员必须拒绝执行该项调度命令，并将拒绝执行调令的理由报告值班调度员和总工程师。并记录在操作记录簿中，然后按总工程师的指示执行。

（4）交接班时发生事故，应该由交班人员处理，接班人员要协助。在事故处理未结束或上级领导未发布交接班以前，不得进行交接班。

（5）值班人员在处理事故时，除有关专业领导外其他人员均不得进入主控室和事故现场。发生事故时，变电所所长和专工应立即参加事故处理。必要时，所长或专工可以代理值班长指挥现场事故处理，但是应该立即报告值班调度员。

（6）发生事故时，如果与调度的通讯中断，现场人员应按现场运行规程中的有关规定进行处理,待通讯恢复正常后立即向调度汇报。

(7)变电值班人员不要急于复归各装置的动作信号,以便分析处理时校对,事故处理时,必须严格发令、复诵、汇报、录音和记录制度。

(8)可不待调度指令自行先处理后报告的操作:
① 对人身和设备安全有严重威胁者,按现场规程立即采取措施。
② 确认无来电的可能时,将已损坏的设备隔离。
③ 发电机组由于误碰跳闸,应立即恢复并列。
④ 线路开关由于误碰跳闸,应立即对联络开关鉴定同期后并列或合环。
⑤ 对末端无电源线路或变压器开关应立即恢复供电。
⑥ 调度规程中已有明确规定可不待调度下令自行处理者。

(9)特殊情况下,需启用解锁钥匙,必须由站长向变电管理所主任(副主任)电话请示,获得批准后方可启用。解锁钥匙的使用必须坚持一事一用一申请,使用后必须立即放回解锁钥匙管理机或解锁钥匙箱内,并填写解锁钥匙使用记录。

三、事故处理的步骤

1. 检查现象

复归音响、记录时间、检查表计、光字牌及保护动作情况,复归跳闸开关把手。需查看的后台监控信息(电流电压变化及潮流情况)包括:① 检查监控机主界面;② 检查保护报文信息;③ 检查细节图中断路器的位置;④ 检查细节图中遥信量信息;⑤ 检查细节图中遥测量信息;⑥ 检查遥测一览界面信息。

2. 判断故障性质

(1)根据上述现象正确判断故障设备;
(2)现场检查故障设备,查找故障原因。按现场运行规程采取相应的措施,做必要的自行处理。如:投入备用电源;对允许强送电的设备进行强送电;停用有可能误动的保护;如果对人身安全和设备运行有威胁时,为保护人身和设备安全,应立即设法解除这种威胁,如有必要可不等调度命令停止设备运行,但事后需向调度说明情况。

3. 汇报、隔离、恢复

将事故现象及已处理的部分报告调度,然后按调度命令进行事故处理。
(1)汇报调度:
① 在事故发生后 3 min 内向调度汇报事故发生的时间、天气、跳闸设备等事故概况;
② 在事故发生后 15 min 内详细汇报事故信息,包括一次设备检查情况、保护及安全自动装置动作情况、故障测距情况、有关设备电流电压及功率变化情况。
(2)故障隔离:
严格执行变电站安全规程、现场运行规程;隔离故障时,拉开跳闸开关两侧刀闸,或利用上一级开关进行隔离。
(3)恢复无故障设备运行。

4. 缺陷及相关记录填写

（1）进入生产管理信息系统做好各种运行工作记录：调度指令记录；运行工作记录；断路器跳闸记录；设备缺陷记录等。

（2）将设备缺陷在生产管理信息系统填报走流程：缺陷类别定性要准确，缺陷描述要完整、清晰，缺陷填报后及时推工作流。

（3）在系统中正确录入相关记录，内容描述准确、精练。

四、异常或事故处理所需记录

1. 运行工作记录（见表5.1）

表5.1 运行工作记录

年　　月　　日　　　星期　　　　　天气

值班负责人		值班员	
时	分	内　　容	
交接班时间		年　月　日　时　分	
交班负责长		交班人员	
接班负责长		接班人员	

2. 解锁钥匙使用记录（见表5.2）

表5.2 解锁钥匙使用记录

序号	解锁对象	解锁原因	使用人	使用时间	许可人	归还人	归还时间

填写说明：

（1）每次使用解锁钥匙，申请时必须明确解锁对象、解锁原因。

（2）解锁钥匙每次使用后必须立即放回解锁钥匙管理机或解锁钥匙箱内，并填写解锁钥匙使用记录。

（3）任何情况下，严禁非当值运行人员使用解锁钥匙。

3. 调度操作指令记录（见表 5.3）

表 5.3 调度操作指令记录

受令时间				发令人	操作任务	操作目的	受令人	监护人	操作人	票号	操作项数	累计项数
月	日	时	分									

4. 设备缺陷记录（见表 5.4）

表 5.4 设备缺陷记录

年	月	日	发现人	缺陷类别	缺陷内容	汇报人	消缺时间	缺陷原因及遗留情况	消缺人	验收人

五、异常及事故处理流程（见图 5.1）

第三节 线路事故处理

一、线路故障的类型

线路故障分为瞬时性故障和永久性故障，其中瞬时性故障出现的概率最大，约为线路故障的 70%~80%。线路故障按其性质可分为单相接地故障，两相短路故障，两相短路接地故障，三相短路故障。线路发生不同性质的故障时保护和重合闸的动作行为也有所不同。

（1）线路瞬间故障开关跳闸，重合闸重合成功；
（2）线路永久性故障开关跳闸，重合闸重合不成功；
（3）线路故障开关跳闸，重合闸未动作。

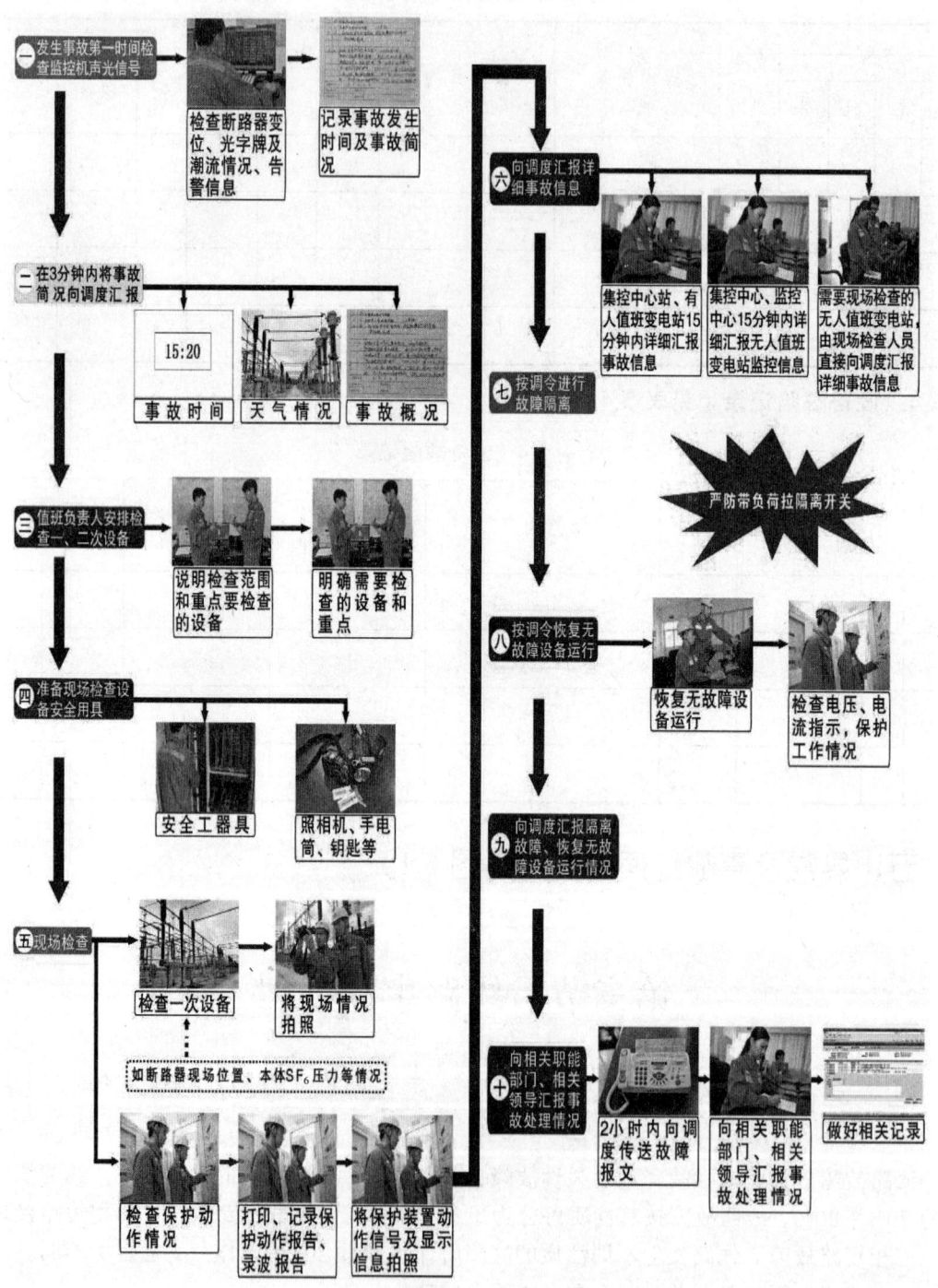

图 5.1 异常及事故处理流程

二、线路故障的原因

线路故障的原因很多,运行时应根据具体情况进行分析。常见的故障原因如下:
(1)站内线路出现设备支撑绝缘、线路悬吊绝缘子闪络。
(2)大雾、大雪等天气原因造成沿面放电。
(3)树枝、动物引起对地、相间短路等瞬时性故障。
(4)设备缺陷、施工隐患、外物挂断线路、绝缘子破损等永久性故障。
(5)瞬时性故障发展为永久性故障。

三、线路故障跳闸处理的原则

(1)对于110 kV及以下电压等级线路,如果是单回辐射形线路,线路开关跳闸后,不论重合闸是否动作或动作未成功,现场值班员均可以自行向线路强送电一次(现场规程有规定时),然后再向调度报告全部的事故处理过程;
(2)对于重合闸因故停用的线路、电源线路、全电缆线路、双回供电线路及空充电线路,则不执行强送电,应按调度命令处理;
(3)220 kV及以上的线路开关跳闸后,原则上一律按调度命令执行。

四、线路故障跳闸处理的步骤

(1)复归音响、记录时间。
(2)查看表计、光字牌。
(3)复归跳闸开关把手。
(4)检查保护动作情况,做好记录,复归保护掉牌。
(5)检查一次设备跳闸后的情况。
(6)按现场规程要求进行自行处理项目,在设备状态允许情况下按规定对110 kV及以下负荷线路强送一次。
(7)将上述处理结果报告调度。
(8)其余按调令进行执行。

五、线路事故实例

(一)220 kV实训变电站220 kV实训Ⅰ回线路相间短路

1. 事故现象

① 事故警铃响、预告报警;
② 220 kV实训Ⅰ回线路201断路器跳闸;
③ 实训Ⅰ回线路纵联保护动作出口。

2. 处理步骤（见表5.5）

表 5.5 线路事故处理步骤

处理步骤	处理内容	质量要求
检查现象	1. 记录保护动作信息，开关跳闸情况。 2. 查看后台监控信息（电流电压变化及潮流情况）及保护动作报文。	1. 检查201开关动作情况。 2. 查看后台保护动作报文。 3. 进入细节图查看电流电压及功率变化情况。 4. 检查有无异常声音及其他异常现象。
判断故障性质	一、判断故障设备 1. 201开关跳闸。 2. 实训Ⅰ回线路纵联保护动作，故障相别：AB相，重合闸未动。 3. 实训Ⅰ回线路相间故障。 二、检查故障设备 1. 检查安全工器具，并使用。 2. 检查实训Ⅰ回201开关有无异常。 3. 检查实训Ⅰ回201开关间隔及其一、二次设备有无问题。 4. 检查、调阅实训Ⅰ回201开关保护动作报文并打印。	1. 检查安全帽、绝缘手套、绝缘鞋、验电器、万用表等。 2. 佩戴安全帽，穿绝缘鞋，接触设备戴绝缘手套。 3. 检查实训Ⅰ回201开关无故障。 4. 检查实训Ⅰ回201开关间隔其他一、二次设备有无问题（引线有无断落，刀闸支柱瓷瓶，电流互感器瓷瓶，二次保护） 5. 检查、调阅实训Ⅰ回201开关保护动作报文（保护动作、故障相别、测距、重合闸）。
汇报、隔离、恢复	一、汇报调度 1. 将事故发生的时间、保护动作情况、天气等有关情况及时汇报相应调度。 2. 汇报对事故性质的初步判断，现场一、二次设备检查情况。 二、故障隔离 1. 严格执行变电站安全规程、现场运行规程； 2. 根据调度指令将实训Ⅰ回201开关强送，强送不成功转为冷备用状态。 三、恢复无故障设备运行 1. 检查220 kV系统实训Ⅱ回203开关运行情况。 2. 严格按照调度要求操作，恢复无故障设备运行。	1. 在事故发生后3 min内向调度汇报事故发生的时间、天气、跳闸设备等事故概况。 2. 在事故发生后15 min内详细汇报事故信息：一次设备检查情况、保护及安全自动装置动作情况、故障测距情况、有关设备电流电压及功率变化情况。 3. 隔离故障时，拉开跳闸开关两侧刀闸。 4. 检查220 kV实训Ⅱ回203开关运行正常。
缺陷及相关记录填写	1. 进入生产管理信息系统做好各种运行工作记录。 2. 在系统中正确录入相关记录，内容描述准确、精练。	1. 生产管理信息系统中调度指令记录；运行工作记录；断路器跳闸记录。 2. 其他相关记录的录入。

3. 处理重点及注意事项

① 汇报时间应准确、不超时；

② 事故处理时应根据调度指令、结合变电站现场运行规程、事故预案以及具体情况，由当值值班负责人统一指挥处理，并及时通知相关人员核查、处理；

③ 交班过程中发生事故，由交班负责人主持处理，接班人员应在交班负责人的指挥下协助处理；

④ 监视人员应密切监视无事故设备运行情况，防止由于事故发生潮流转移等原因而引发相继事故。

（二）110 kV 黄金变 10 kV 黄白线首段发生瞬时性相间短路故障

1. 事故现象

① 警铃响、喇叭短叫，监控后台机主接线图 10 kV 黄白线 002 断路器位置信号闪烁（红色），10 kV 黄白线细节图"断路器位置"信号灯亮红色、速断动作和重合闸动作信号灯闪烁（红色），该线路的三相电流、有功功率、无功功率正常。

② 监控后台机报文：

XX/XX/XX　XX：XX：XX 002 开关分闸

XX/XX/XX　XX：XX：XX 黄白线 002CSL216BE 过流 I 段出口动作

XX/XX/XX　XX：XX：XX 黄白线 002CSL216BE 保护启动重合闸

XX/XX/XX　XX：XX：XX 002 开关合闸

XX/XX/XX　XX：XX：XX 黄白线 002CSL216BE 重合闸出口动作

XX/XX/XX　XX：XX：XX 黄白线断路器 002 储能电机运转

XX/XX/XX　XX：XX：XX 黄白线断路器 002 弹簧未储能

③ 10 kV 黄白线保护屏 CSL216BE 数字式线路保护装置面板上"保护动作"、"重合闸动作"信号灯亮。

④ 现场检查 10 kV 黄白线 002 断路器在合闸位置。

2. 处理步骤

① 复归音响，记录故障时间，检查监控后台机事故报文、动作信号、保护动作、断路器动作情况并记录，确认后复归信号。在事故发生后 3 min 内向调度汇报事故发生的时间、天气、跳闸设备（监控后台机上报警窗及本间隔细节图中所发事故异常信息。如：保护及重合闸动作信息、跳闸断路器名称、其他异常信息）等事故概况。

② 检查 10 kV 黄白线保护屏的保护装置运行情况、保护动作、信号灯、连接片投切等情况，确认后复归信号；检查 10 kV 黄白线 002 断路器实际位置及断路器本体有无异常，并检查 10 kV 黄白线间隔内其他一次设备有无明显异常。

③ 根据上述现象初步判断 10 kV 黄白线首段发生瞬时性相间短路故障，重合闸动作成功。

④ 在事故发生后 15 min 内向调度详细汇报事故信息：一次设备检查情况（10 kV 黄白线 002 间隔设备无异常）、保护及安全自动装置动作情况（黄白线过流 I 段出口动作、黄白线

保护启动重合闸、黄白线重合闸出口动作、保护装置运行正常、保护连接片均按整定书投入），有关设备电流电压及功率变化情况（10 kV 母线电压、黄白线三相电流、有功功率、无功功率均正常）。

⑤ 做好断路器跳闸记录，并将上述各项内容（动作时间、保护及重合闸动作信息、处理过程等）记录在运行工作记录中。

（三）110 kV 黄金变 110 kV 黄利线远端永久性 A 相接地故障

1. 事故现象

① 警铃响、喇叭短叫，监控后台机主接线图 110 kV 黄利线 102 断路器位置信号闪烁（绿色），110 kV 黄利线细节图"断路器位置"信号灯亮绿色、保护事故钟、保护装置合闸信号、保护装置跳闸信号灯闪烁（红色），该线路的三相电流、有功功率、无功功率为零。

② 监控后台机报文：

XX/XX/XX　XX：XX：XX 102 开关分闸

XX/XX/XX　XX：XX：XX 黄利线 CSL164B 零序 II 段出口动作

XX/XX/XX　XX：XX：XX 黄利线 CSL164B 接地距离 II 段出口动作

XX/XX/XX　XX：XX：XX 102 开关合闸

XX/XX/XX　XX：XX：XX 黄利线 CSL164B 重合出口动作

XX/XX/XX　XX：XX：XX 102 开关分闸

XX/XX/XX　XX：XX：XX 黄利线 CSL164B 零序 II 段加速出口动作

XX/XX/XX　XX：XX：XX 黄利线断路器 102 储能电机运转

XX/XX/XX　XX：XX：XX 黄利线断路器 102 弹簧未储能

③ 110 kV 黄利线保护屏 CSL164B 数字式线路保护装置面板上"保护动作"、"重合闸动作"信号灯亮，保护报文（01 SHCK A、02 I0CK A、03 I0JSCK A）；SCX-11JN 三相操作箱面板上"运行监视"信号灯闪烁、"保护动作"、"重合闸动作"信号灯亮、"合后位置"不亮。

④ 现场检查 110 kV 黄利线 102 断路器在分闸位置。

2. 处理步骤

① 复归音响，记录故障时间，检查监控后台机事故报文、动作信号、保护动作、断路器动作情况并记录，确认后复归信号。在事故发生后 3 min 内向调度汇报事故发生的时间、天气、跳闸设备（事故报文、动作信号、保护动作、断路器动作情况）等事故概况。

② 检查 110 kV 黄利线保护屏的保护装置运行情况、保护动作、信号灯、连接片投切等情况，确认后复归信号；检查 110 kV 黄利线 102 断路器实际位置及黄白线电流互感器靠线路侧的一次设备有无短路、接地等故障，电流互感器有无喷油现象等，用万用表测量 102 断路器弹簧操作机构的储能保险是否完好（确认是否因断路器操作机构原因造成断路器重合不成功）。

③ 根据上述现象初步判断 110 kV 黄利线远端发生永久性 A 相接地故障，重合闸不成功。

④ 在事故发生后 15 min 内向调度详细汇报事故信息：一次设备检查情况（110 kV 黄利线 102 间隔设备有无异常）、保护及安全自动装置动作情况（黄利线零序 II 段出口动作、

黄利线接地距离Ⅱ段出口动作、黄利线重合出口动作、黄利线零序Ⅱ段加速出口动作、黄利线手合阻抗加速出口动作、保护装置运行正常、保护连接片均按整定书投入），有关设备电流电压及功率变化情况（110 kV 母线电压正常、黄白线三相电流、有功功率、无功功率为零）。

⑤ 若站内一、二次设备有故障或异常，则根据调度命令将故障点隔离。

⑥ 若站内一、二次设备无故障或异常，则根据调度命令对黄利线强送电，首先退出重合闸，然后合上黄利线 102 断路器对线路充电，若充电成功，将情况汇报调度，投入重合闸；若充电不成功，将情况汇报调度，根据调度命令将黄利线 102 断路器操作到冷备用或线路检修，等待处理后，再进行送电。

⑦ 做好断路器跳闸记录、电气操作记录，并将上述各项内容（动作时间、信号、保护动作、处理过程等）记录在运行工作记录中。

第四节　变压器事故处理

一、变压器故障的类型

变压器故障分为内部故障和外部故障。

二、变压器故障的主要原因

1. 变压器内部故障的原因

（1）线圈内部故障；
（2）相间接地短路；
（3）变压器线圈短路；
（4）变压器严重漏油。

2. 变压器外部故障的原因

（1）变压器及其套管引出线发生短路故障；
（2）保护二次线发生故障；
（3）差动电流互感器短路或开路。

三、变压器故障跳闸的现象

（1）警报响。
（2）主变保护信号掉牌（或保护信号灯亮）。
（3）中央信号"信号未复归"灯亮。

（4）故障主变表计指示为零，故障主变送出母线、线路的表计指示为零。
（5）主变保护动作切除的开关红灯灭，绿灯闪光。
（6）有故障时发出的声光、冒烟或起火等。

四、处理变压器故障跳闸的原则

（1）变压器自动跳闸的，应立即自动或手动投入备用变压器，然后再对跳闸变压器进行处理。

（2）没有备用变压器时，要根据当时的事故现象进行综合分析判断，当证明变压器跳闸不是由本身故障造成，而是由过负荷、穿越故障或保护误动造成的，则变压器可不经外部检查重新投入运行，否则必须进行外部检查、试验，查明故障原因后方可恢复送电。

（3）变压器瓦斯保护或差动保护动作，要彻底检查和试验，尤其是两套保护同时作用于跳闸时，在未查明原因和消除故障之前，不得送电运行。

（4）变压器后备保护动作于跳闸时，当证明是越级跳闸造成的，应立即将已跳闸变压器重新合闸，试送电一次。

五、变压器故障跳闸处理的步骤

（1）复归音响、记录时间。
（2）查看表计、光字牌。
（3）复归跳闸开关把手。
（4）检查保护动作情况，做好记录后，复归保护掉牌。
（5）立即停止潜油泵运行，防止内部故障产生的碳粒和金属粒扩散到各处。
（6）对装有备用变压器的变电所，当运行主变故障跳闸后，应立即将备用主变投入运行，然后再处理主变跳闸事故。
（7）检查主变设备，如果是重瓦斯保护动作跳闸，应对主变进行取气，检查是否可燃。如发现故障点，应自行将其隔离，然后报告调度，按调令进行相应的倒闸操作。
（8）找不到故障原因，应对主变进行试验，并对保护回路及直流系统进行检查．

六、实例分析

（一）220 kV 实训变电站 1 号主变压器 220 kV 侧 A 相套管闪络故障

1. 事故现象

① 事故警铃响、预告报警；
② 1 号主变压器 211 开关、111 开关跳闸；
③ 1 号主变差动保护动作。

2. 处理步骤（见表 5.6）

表 5.6 变压器事故处理步骤

处理步骤	处理内容	质量要求
检查现象	1. 记录保护动作信息，开关跳闸情况。 2. 查看后台监控信息（电流电压变化及潮流情况）及保护动作报文。	1. 检查 211、111 开关动作情况。 2. 查看后台保护动作报文。 3. 进入细节图查看电流电压及功率变化情况。 4. 检查 1 号主变瓦斯继电器有无气体。 5. 检查有无异常声音及其他异常现象。
判断故障性质	一、判断故障设备 1. 211、111 开关跳闸。 2. 1 号主变差动保护动作。 3. 1 号主变故障。 二、检查故障设备 1. 检查安全工器具，并使用。 2. 根据事故范围检查一次设备确定故障点。 3. 检查所有跳闸开关无问题。 4. 检查 1 号主变差动保护范围内一、二次设备有无明显故障。 5. 检查 1 号主变本体有无故障 6. 调阅 1 号主变差动保护动作报文并打印。	1. 检查安全帽、绝缘手套、绝缘鞋、验电器、万用表等。 2. 佩戴安全帽，穿绝缘鞋，接触设备戴绝缘手套。 3. 检查 1 号主变差动保护范围内一、二次设备有无明显故障（引线有无脱落，1 号主变套管有无放电、闪络现象，母线桥、主持绝缘子、二次设备有无故障等）。 4. 检查 1 号主变本体瓦斯继电器有无气体。 5. 查看调阅 1 号主变保护动作报文。
汇报隔离恢复	一、汇报调度 1. 将事故发生的时间、保护动作情况、天气等有关情况及时汇报相应调度。 2. 汇报对事故性质的初步判断，现场一、二次设备检查情况。 二、故障隔离 1. 严格执行变电站安全规程、现场运行规程； 2. 将 1 号主变由故障跳闸转为检修状态，等待专业人员处理。 三、恢复无故障设备运行 1. 检查 220 kV 系统实训 I 回 201 开关、实训 II 回 203 开关运行情况。 2. 严格按照调度要求操作，恢复无故障设备运行。	1. 在事故发生后 3 min 内向调度汇报事故发生的时间、天气、跳闸设备等事故概况。 2. 在事故发生后 15 min 内详细汇报事故信息：一次设备检查情况、保护及安全自动装置动作情况、故障测距情况、有关设备电流电压及功率变化情况。 3. 因为瓦斯继电器内无气体及外部有明显的故障点，判断为外部故障。 4. 隔离故障时，拉下跳闸开关两侧刀闸。 5. 验电、装设接地线、悬挂标示牌。 6. 合上接地刀闸或装设接地线前一定要验电，并严格按照安规的规定执行。 7. 检查 220 kV 实训 I 回 201，实训 II 回 203 开关运行正常。
缺陷及相关记录填写	1. 进入生产管理信息系统做好各种运行工作记录。 2. 将设备缺陷在生产管理信息系统填报走流程。 3. 在系统中正确录入相关记录，内容描述准确、精练。	1. 生产管理信息系统中调度指令记录；运行工作记录；断路器跳闸记录；设备缺陷记录等。 2. 缺陷类别定性要准确，缺陷描述要完整、清晰。 3. 缺陷填报后及时推工作流。 4. 以及其他相关记录的录入。

3. 处理重点及注意事项

① 汇报时间应准确、不超时；

② 事故处理时应根据调度指令、结合变电站现场运行规程、事故预案以及具体情况，由当值值班负责人统一指挥处理，并及时通知相关人员核查、处理；

③ 交班过程中发生事故，由交班负责人主持处理，接班人员应在交班负责人的指挥下协助处理；

④ 监视人员应密切监视无事故设备运行情况，防止由于事故发生潮流转移等原因而引发相继事故。

（二）110kV 黄金变 2 号主变内部故障（瓦斯保护动作）

1. 事故现象

① 警铃响、喇叭短叫，监控后台机主接线图 2 号主变 112、312、012 断路器位置信号闪烁（绿色），2 号主变细节图遥测量分图 2 号主变三侧电流、有功功率、无功功率为零，遥信量分图本体重瓦斯、压力释放 1、风冷消失 1、本体轻瓦斯、变压器油温高信号灯闪烁（红色）。

② 监控后台机报文：

XX/XX/XX　XX：XX：XX 012 开关分闸

XX/XX/XX　XX：XX：XX 312 开关分闸

XX/XX/XX　XX：XX：XX 112 开关分闸

XX/XX/XX　XX：XX：XX 2 号主变本体重瓦斯动作

XX/XX/XX　XX：XX：XX 2 号主变本体轻瓦斯动作

XX/XX/XX　XX：XX：XX 2 号主变 1 号释压器动作

XX/XX/XX　XX：XX：XX 2 号主变风冷消失告警

XX/XX/XX　XX：XX：XX 2 号主变风冷跳闸

XX/XX/XX　XX：XX：XX 2 号主变油温高告警

XX/XX/XX　XX：XX：XX 2 号主变超温跳闸

③ 2 号主变保护屏 CSR-22A 本体保护装置面板上"跳闸"、"信号"信号灯亮，"运行"信号灯闪烁；112、312、012 断路器 SCX-11JN 三相操作箱面板上"运行监视"信号灯闪烁、"保护动作"信号灯亮、"合后位置"不亮。

④ 现场检查 2 号主变 112、312、012 断路器在分闸位置。

（2）处理步骤

① 复归音响，记录故障时间，检查监控后台机事故报文、动作信号、保护动作、断路器动作情况并记录，确认后复归信号。在事故发生后 3 min 内向调度汇报事故发生的时间、天气、跳闸设备（监控后台机上报警窗及本间隔细节图中所发事故异常信息。如：保护动作信息、跳闸断路器名称、其他异常信息）等事故概况。

② 根据调度命令合上 1 号主变 110 kV 中性点 1110 接地开关，投入 1 号主变保护屏上"主变高压侧零序选跳"、"高压间隙零序投退"连接片；当 1 号主变负荷较高时，应根据相关规定投入部分或全部备用冷却器。同时对 1 号主变负荷、油温、绕组温度、风冷系统进行密切监视，防止过负荷、温度大幅上升等情况。

③ 检查 2 号主变保护屏的保护装置运行情况、保护动作、信号灯、连接片投切等情况，确认后复归信号；检查 2 号主变本体有无喷油、着火、冒烟及漏油等现象，检查瓦斯继电器中的气体量。

④ 根据上述现象初步判断 2 号主变内部发生故障。

⑤ 不论发现明显故障与否，都应在事故发生后 15 min 内向调度详细汇报事故信息：一次设备检查情况（2 号主变本体有无异常）、保护及安全自动装置动作情况（2 号主变本体重瓦斯动作、2 号主变本体轻瓦斯动作、2 号主变 1 号释压器动作、2 号主变风冷消失告警、2 号主变风冷跳闸、2 号主变油温高告警、2 号主变超温跳闸、保护装置运行正常、保护连接片均按整定书投入）、有关设备电流电压及功率变化情况（110 kV、35 kV、10 kV 母线电压正常、2 号主变三侧电流、有功功率、无功功率为零）。

⑥ 根据调度命令，将 2 号主变操作到冷备用或检修状态，即故障点隔离，等待处理。

⑦ 进一步检查瓦斯继电器二次接线是否正确，查明瓦斯继电器有无误动的现象，取气测试，判明故障性质。变压器在未经全面测试合格前，且未得到生产副局长或总工程师的同意，不允许投入运行。

⑧ 做好断路器跳闸记录、电气操作记录，发现故障或异常的应作好设备缺陷记录。并将上述各项内容（动作时间、信号、保护动作、处理过程等）记录在运行工作记录中。

（三）110 kV 黄金变 2 号主变内部故障（瓦斯保护动作、差动保护动作）

1. 事故现象

① 警铃响、喇叭短叫，监控后台机主接线图 2 号主变 112、312、012 断路器位置信号闪烁（绿色），2 号主变细节图遥测量分图 2 号主变三侧电流、有功功率、无功功率为零，遥信量分图本体重瓦斯、压力释放 1、风冷消失 1、本体轻瓦斯、变压器油温高信号灯闪烁（红色）。

② 监控后台机报文：

XX/XX/XX　XX：XX：XX　　012 开关分闸
XX/XX/XX　XX：XX：XX　　312 开关分闸
XX/XX/XX　XX：XX：XX　　112 开关分闸
XX/XX/XX　XX：XX：XX　　2 号主变差动 B 相出口动作
XX/XX/XX　XX：XX：XX　　2 号主变差流速断 B 相出口动作
XX/XX/XX　XX：XX：XX　　2 号主变启动 CPU B 相差流速断启动
XX/XX/XX　XX：XX：XX　　2 号主变差动保护启动
XX/XX/XX　XX：XX：XX　　2 号主变启动 CPU B 相差流启动
XX/XX/XX　XX：XX：XX　　2 号主变启动 CPU A 相差流启动
XX/XX/XX　XX：XX：XX　　2 号主变差动 A 相出口动作
XX/XX/XX　XX：XX：XX　　2 号主变差流速断 A 相出口动作
XX/XX/XX　XX：XX：XX　　2 号主变启动 CPU A 相差流速断启动
XX/XX/XX　XX：XX：XX　　2 号主变本体重瓦斯动作
XX/XX/XX　XX：XX：XX　　2 号主变本体轻瓦斯动作
XX/XX/XX　XX：XX：XX　　2 号主变 1 号释压器动作

XX/XX/XX　XX：XX：XX　2号主变风冷消失告警
XX/XX/XX　XX：XX：XX　2号主变风冷跳闸
XX/XX/XX　XX：XX：XX　2号主变油温高告警
XX/XX/XX　XX：XX：XX　2号主变超温跳闸

③ 2号主变保护屏CSR-22A本体保护装置面板上"跳闸"、"信号"信号灯亮,"运行"信号灯闪烁；112、312、012断路器SCX-11JN三相操作箱面板上"运行监视"信号灯闪烁、"保护动作"信号灯亮、"合后位置"不亮、CST31A数字式变压器保护装置面板上"保护动作"信号灯亮、保护报文"差动A相出口"、"差动B相出口"；CST230BE数字式变压器保护装置面板上"差动动作"信号灯亮。

④ 现场检查2号主变112、312、012断路器在分闸位置。

2. 处理步骤

① 复归音响，记录故障时间，检查监控后台机事故报文、动作信号、保护动作、断路器动作情况并记录，确认后复归信号。在事故发生后3 min内向调度汇报事故发生的时间、天气、跳闸设备（监控后台机上报警窗及本间隔细节图中所发事故异常信息，如保护动作信息、跳闸断路器名称、其他异常信息）等事故概况。

② 根据调度命令合上1号主变110 kV中性点1110接地开关，投入1号主变保护屏上"主变高压侧零序选跳"、"高压间隙零序投退"连接片；当1号主变负荷较大时，应根据相关规定投入部分或全部备用冷却器。同时对1号主变负荷、油温、绕组温度、风冷系统进行密切监视，防止过负荷、温度大幅上升等情况。

③ 检查2号主变保护屏的保护装置运行情况、保护动作、信号灯、连接片投切等情况，确认后复归信号；检查2号主变本体有无喷油、着火、冒烟及漏油等现象，检查瓦斯继电器中的气体量；检查2号主变差动保护范围内出线套管、引线及接头等有无异常。

④ 经上述检查后若无异常，应全面检查差动保护回路，排除保护误动的可能。

⑤ 变压器外部若无明显故障，并根据上述现象初步判断2号主变内部发生严重故障。

⑥ 不论发现明显故障与否，都应在事故发生后15 min内向调度详细汇报事故信息：一次设备检查情况（2号主变本体有无异常、差动保护范围内出线套管、引线及接头等有无异常）、保护及安全自动装置动作情况（2号主变差动B相出口动作、2号主变差流速断B相出口动作、2号主变启动CPU B相差流速断启动、2号主变差动保护启动、2号主变启动CPU B相差流启动、2号主变启动CPU A相差流启动、2号主变差动A相出口动作、2号主变差流速断A相出口动作、2号主变启动CPU A相差流速断启动、2号主变本体重瓦斯动作、2二号主变本体轻瓦斯动作、2号主变1号释压器动作、2号主变风冷消失告警、2号主变风冷跳闸、2号主变油温高告警、2号主变超温跳闸、保护装置运行正常、保护连接片均按整定书投入）、有关设备电流电压及功率变化情况（110 kV、35 kV、10 kV母线电压正常、2号主变三侧电流、有功功率、无功功率为零）。

⑦ 根据调度命令，将2号主变操作到冷备用或检修状态，即故障点隔离，等待处理。

⑧ 进一步检查瓦斯继电器二次接线是否正确，查明瓦斯继电器有无误动的现象，取气测试，判明故障性质。变压器在未经全面测试合格前，且未得到生产副局长或总工程师的同意，不允许投入运行。

⑨ 做好断路器跳闸记录、电气操作记录，发现故障或异常的应作好设备缺陷记录。并将上述各项内容（动作时间、信号、保护动作、处理过程等）记录在运行工作记录中。

（四）110kV 黄金变 1 号主变外部故障（差动保护动作）

1. 事故现象

① 警铃响、喇叭短叫，监控后台机主接线图 1 号主变 111、311、011 断路器位置信号闪烁（绿色），1 号主变细节图遥测量分图 1 号主变三侧电流、有功功率、无功功率为零。

② 监控后台机报文：

XX/XX/XX　XX：XX：XX 111 开关分闸

XX/XX/XX　XX：XX：XX 311 开关分闸

XX/XX/XX　XX：XX：XX 011 开关分闸

XX/XX/XX　XX：XX：XX　1 号主变差动 B 相出口动作

XX/XX/XX　XX：XX：XX　1 号主变差流速断 B 相出口动作

XX/XX/XX　XX：XX：XX　1 号主变启动 CPU B 相差流速断启动

XX/XX/XX　XX：XX：XX　1 号主变差动保护启动

XX/XX/XX　XX：XX：XX　1 号主变启动 CPU B 相差流启动

XX/XX/XX　XX：XX：XX　1 号主变启动 CPU A 相差流启动

XX/XX/XX　XX：XX：XX　1 号主变差动 A 相出口动作

XX/XX/XX　XX：XX：XX　1 号主变差流速断 A 相出口动作

XX/XX/XX　XX：XX：XX　1 号主变启动 CPU A 相差流速断启动

③ 1 号主变保护屏 112、312、012 断路器 SCX-11JN 三相操作箱面板上"运行监视"信号灯闪烁、"保护动作"信号灯亮、"合后位置"不亮、CST31A 数字式变压器保护装置面板上"保护动作"信号灯亮，保护报文"差动 A 相出口"、"差动 B 相出口"、"差流速断 A 相出口"、"差流速断 B 相出口"、"保护启动"、"CPU A 相差流启动"、"CPU B 相差流启动"、"CPU A 相差流速断启动"、"CPU B 相差流速断启动"；CST230BE 数字式变压器保护装置面板上"差动动作"信号灯亮。

④ 现场检查 1 号主变 111、311、011 断路器在分闸位置。

2. 处理步骤

① 复归音响，记录故障时间，检查监控后台机事故报文、动作信号、保护动作、断路器动作情况并记录，确认后复归信号。在事故发生后 3 min 内向调度汇报事故发生的时间、天气、跳闸设备（监控后台机上报警窗及本间隔细节图中所发事故异常信息，如保护动作信息、跳闸断路器名称、其他异常信息）等事故概况。

② 如 2 号主变负荷较大时，应根据相关规定投入部分或全部备用冷却器。同时对 2 号主变负荷、油温、绕组温度、风冷系统进行密切监视，防止过负荷、温度大幅上升等情况。

③ 检查 1 号主变保护屏的保护装置运行情况、保护动作、信号灯、连接片投切等情况，确认后复归信号；检查 1 号主变本体有无明显异常；检查 1 号主变差动保护范围内出线套管、引线及接头等有无异常；检查直流系统有无接地现象。

④ 经上述检查后若无异常，应全面检查差动保护回路，排除保护误动的可能。

⑤ 变压器外部若有明显故障，并根据上述现象初步判断 1 号主变外部发生故障。

⑥ 不论发现明显故障与否，都应在事故发生后 15 分钟内向调度详细汇报事故信息：一次设备检查情况（1 号主变本体有无异常、差动保护范围内出线套管、引线及接头等有无异常）、保护及安全自动装置动作情况（1 号主变差动 B 相出口动作、1 号主变差流速断 B 相出口动作、1 号主变启动 CPU B 相差流速断启动、1 号主变差动保护启动、1 号主变启动 CPU B 相差流启动、1 号主变启动 CPU A 相差流启动、1 号主变差动 A 相出口动作、1 号主变差流速断 A 相出口动作、1 号主变启动 CPU A 相差流速断启动、保护装置运行正常、保护连接片均按整定书投入）、有关设备电流电压及功率变化情况（110 kV、35 kV、10 kV 母线电压正常、1 号主变三侧电流、有功功率、无功功率为零）。

⑦ 如故障点在主变本体上或在主变与主变侧隔离开关之间处，根据调度命令，应将 1 号主变操作到冷备用或检修状态，即故障点隔离，等待处理。如故障点在主变侧隔离开关与电流互感器之间，可拉开故障点两侧隔离开关后，经调度许可的情况下对主变进行试送电。

⑧ 在未确认主变差动保护跳闸为保护误动原因引起，且未得到生产副局长或总工程师的同意，不允许投入运行。

⑨ 做好断路器跳闸记录、电气操作记录，发现故障或异常的应作好设备缺陷记录。并将上述各项内容（动作时间、信号、保护动作、处理过程等）记录在运行工作记录中。

第五节　母线事故处理

一、母线故障跳闸的原因

（1）母线绝缘子和开关套管闪络，造成母线故障。
（2）装设在开关和母线之间的电流互感器故障造成母线故障。
（3）连接在母线上的刀闸、避雷器、电压互感器或绝缘子故障造成母线故障。
（4）二次回路、保护回路故障造成母线故障。
（5）由于人员误操作，如带负荷拉刀闸或带电合接地刀闸造成母线故障。
（6）母线及附属设备由于导电异物跨接造成母线故障。

二、母线故障跳闸的现象

（1）警报响，中央信号"信号未复归"灯亮。
（2）母线保护信号掉牌或保护信号灯亮。
（3）当母线未设专用母线保护时，母线故障由主变后备保护动作跳闸，此时主变后备保护动作掉牌或保护信号灯亮，两卷变压器切两侧开关，三卷变压器切故障母线侧主开关。母线所连电源线路对侧跳开。
（4）故障母线电压表无指示为零，故障母线送出线路的表计指示为零。

（5）母差保护或主变后备保护动作跳闸的开关红灯灭、绿灯闪光。
（6）有故障发出的声光、冒烟或起火等。

三、母线故障跳闸的处理步骤

（1）复归音响、记录时间。
（2）查看表计、光字牌。
（3）复归跳闸开关把手。
（4）检查保护动作情况，做好记录后，复归保护掉牌。
（5）检查母线设备，发现故障点应自行将其隔离，然后报告调度，按调令对停电母线恢复送电。
（6）找不到故障点暂不能隔离的，应按调度命令将故障母线负荷倒至另一母线运行。
（7）一次设备查不到原因时，应对保护回路及直流系统进行检查，若还查不出问题，则按调度命令由线路对侧电源对故障母线试送电。
（8）对双母线接线，当故障点隔离后，应投入母线充电保护压板，用母联开关对母线充电。母线电压正常后，逐一送出该母线负荷。
（9）对没装专用母线保护的变电所，将故障设备隔离后，应尽快恢复主变及其他设备的供电。

四、实例分析

（一）220 kV 实训变电站 220 kV Ⅱ段母线故障

1. 事故现象

① 预告信号、事故警报响；
② 220 kV 实训Ⅰ回 201 开关跳闸，220 kV 母联 210 开关跳闸，1 号主变 211 开关跳闸；
③ 上述开关无电流指示；
④ 220 kV 母差保护动作启动及出口信号；
⑤ 录波器动作。

2. 处理步骤（见表 5.7）

表 5.7

处理步骤	处理内容	质量要求
检查现象	1. 记录保护动作信息，开关跳闸情况。 2. 查看后台监控信息（电流电压变化及潮流情况）及保护动作报文。 3. 检查主变运行情况。	1. 检查 201、210、211 开关动作情况。2. 查看后台保护动作报文。 3. 进入细节图查看电流电压及功率变化情况。 4. 检查有无异常声音及其他异常现象。

续表 5.7

处理步骤	处理内容	质量要求
判断故障性质	一、判断故障设备 1. 201、210、211 开关跳闸。 2. 母差保护动作。 3. 母线故障。 二、检查故障设备 1. 检查安全工器具，并使用。 2. 根据事故范围检查一次设备确定故障点。 3. 检查所有跳闸开关无问题。 4. 检查 220 kV I 组母线一次设备有无明显故障。 5. 检查 1 号主变运行情况（如：不过负荷等）。 6. 调阅 220 kV 母线保护动作报文并打印。	1. 检查安全帽、绝缘手套、绝缘鞋、验电器、万用表等。 2. 佩戴安全帽，穿绝缘鞋，接触设备外壳戴绝缘手套。 3. 检查 220 kV I 段母线一次设备有无明显故障（如：引线有无断落，支柱瓷瓶有无放电、刀闸母线侧支柱瓷瓶，软母线人字节处，母线 PT 等）。 4. 检查 220 kV I 段母线上一次设备有无明显故障现象（如：跳闸开关本体有无变形、设备有无异味、有无烧焦等）。 5. 查看调阅 220 kV 母线保护报文（在母差屏上）。 6. 检查 1 号主变运行情况（如：不过负荷等）。
汇报隔离恢复	一、汇报调度 1. 将事故发生的时间、保护动作情况、天气及一次设备等有关情况及时汇报相应调度。 2. 汇报现场一、二次设备检查情况。对事故性质的初步判断。 3. 汇报主变运行情况。 二、故障隔离 1. 严格执行变电站安全规程、现场运行规程； 2. 如果故障点在 I 母并可安全隔离，将 220kV 实训 I 回 201 开关，1 号主变 211 开关冷倒至 II 母运行。 3. 将 220 kV I 母转为检修状态。 4. 如果故障点在 I 母但不能立即隔离，将情况立即汇报调度，做好安全措施，等待相关人员处理。 5. 将 220 kV 母联 210 开关转为冷备用状态。 三、恢复无故障设备运行 1. 恢复 220 kV 实训 II 回 203 开关运行。 2. 合上 1 号主变 211 开关，恢复 1 号主变运行。 3. 按照调度要求逐一操作，恢复正常运行方式。	1. 在事故发生后 3 min 内向调度汇报事故发生的时间、天气、跳闸设备等事故概况。 2. 在事故发生后 15 min 内详细汇报事故信息：一次设备检查情况、保护及安全自动装置动作情况、故障测距情况、有关设备电流电压及功率变化情况。 3. 主变运行情况（过负荷、停运等）。 4. 隔离故障时，拉开跳闸开关两侧刀闸，或利用上一级开关进行隔离。 5. 合上接地刀闸或装设接地线前一定要验电，并严格按照安规的规定执行。 6. 将 220 kV 实训 II 回 203 开关，1 号主变 211 开关冷倒至 II 母运行。
缺陷及相关记录填写	1. 进入生产管理信息系统做好各种运行工作记录。 2. 将设备缺陷在生产管理信息系统填报走流程。 3. 在系统中正确录入相关记录，内容描述准确、精练。	1. 生产管理信息系统中调度指令记录；运行工作记录；断路器跳闸记录；设备缺陷记录等。 2. 缺陷类别定性要准确，缺陷描述要完整、清晰。 3. 缺陷填报后及时推工作流。 4. 以及其他相关记录的录入。

3. 处理重点及注意事项

① 汇报时间应准确、不超时；

② 事故处理时应根据调度指令、结合变电站现场运行规程、事故预案以及具体情况，由当值值班负责人统一指挥处理，并及时通知相关人员核查、处理；

③ 交班过程中发生事故，由交班负责人主持处理，接班人员应在交班负责人的指挥下协助处理；

④ 监视人员应密切监视无事故设备运行情况，防止由于事故发生潮流转移等原因而引发相继事故。

（二）110 kV 黄金变电站 35 kV I 母相间短路故障

1. 事故现象

① 事故音响，警铃响

② 监控机有事故报文

XX/XX/XX XX：XX：XX	010 开关分闸
XX/XX/XX XX：XX：XX	1 号主变低压复压闭锁方向过流 I 段一时限出口动作
XX/XX/XX XX：XX：XX	2 号主变低压复压闭锁方向过流 I 段一时限出口动作
XX/XX/XX XX：XX：XX	011 开关分闸
XX/XX/XX XX：XX：XX	1 号主变低压复压闭锁方向过流 I 段二时限出口动作
XX/XX/XX XX：XX：XX	411 开关分闸
XX/XX/XX XX：XX：XX	备自投跳 K411
XX/XX/XX XX：XX：XX	061 开关分闸
XX/XX/XX XX：XX：XX	063 开关分闸
XX/XX/XX XX：XX：XX	1 号电容器欠压保护动作
XX/XX/XX XX：XX：XX	3 号电容器欠压保护动作
XX/XX/XX XX：XX：XX	412 开关合闸
XX/XX/XX XX：XX：XX	备自投合 K412

③ 10 kV I 母电压指示为 0。10 kV 1 号电容器 061 断路器、3 号电容器 063 断路器、1 号主变 011 断路器、分段 010 断路器跳闸。

2. 处理步骤

① 复归音响，记录故障时间；

② 查看监控机信息：

a. 报文信息

b. 查看主界面：10 kV 1 号电容器 061 断路器、3 号电容器 063 断路器、1 号主变 011 断路器、分段 010 断路器跳闸；

c. 查看 10 kV I 母电压为 0；

d. 初步判断事故：35 kV I 母相间短路故障。

③ 向调度作简明汇报；

检查 1 号主变保护屏的保护装置保护动作、信号灯指示及 1 号、3 号电容器保护装置保护动作、信号灯等信息，确认后复归信号；检查 10 kV I 段母线上设备有无明显故障点，检查 011、010、061、063 断路器实际位置及本体有无异常。

④ 查找到故障后将故障隔离，恢复无故障设备正常运行方式。

⑤ 做好断路器跳闸记录、电气操作记录，发现故障或异常的应作好设备缺陷记录。并将上述各项内容（动作时间、信号、保护动作、处理过程等）记录在运行工作记录中。

第六节　电容器事故处理

一、电容器跳闸的原因

（1）电容器与开关连接电缆击穿或电流互感器、避雷器等故障造成相间短路引起跳闸。

（2）电容器热击穿或电击穿产生爆炸、鼓肚、喷油等造成电容器相间短路引起跳闸。

（3）系统故障造成母线电压波动，引起电容器过压或低压保护动作跳闸。

二、电容器开关跳闸的现象

（1）控制屏电容器开关把手绿灯闪光、红灯熄灭。

（2）电流表、无功表指示为零。

（3）保护屏电容器相关保护动作，保护信号灯亮。

（4）现场检查电容器可能发现电容器爆炸、鼓肚、喷油，并有刺激性烟、味。

三、电力电容器故障处理的原则

（1）电压波动使电容器过压或低压保护动作，切开电容器开关时，值班员应检查保护动作情况及一次设备，同时复归开关把手及保护掉牌，并报告调度。待系统稳定后，根据母线电压情况决定是否投入电容器运行。

（2）电容器开关跳闸，若伴有声光且过流或速断保护动作，则应重点对电容器进行检查，在没有查清原因之前不得送电。若发现电容器爆炸起火，则应立即拉开电容器两侧刀闸，做好安全措施后进行灭火，灭火时应与电容器保持一定距离。若电容器外观无异常，则应拉开电容器两侧刀闸，做好安全措施，由检修人员进行处理。

四、电容器开关跳闸处理的步骤

（1）复归音响、记录时间。

（2）查看表计、光字牌。

（3）复归跳闸开关把手。

（4）检查保护动作情况，做好记录后，复归保护掉牌。

（5）检查跳闸后一次设备的情况。
（6）将上述情况报告调度。
（7）做好检修前的准备工作。

五、电容器开关跳闸处理的实例

（一）110 kV 黄金变 10 kV 电容器 061 断路器跳闸，过电压保护动作

1. 现　　象

① 警报响、中央信号屏"信号未复归"牌亮，10 kV 控制屏 1 号电容器开关把手红灯灭，绿灯闪光。
② 10 kV 控制屏 1 号电容器电流表、无功表指示为零。
③ 10 kV 保护屏 1# 电容器"过压保护动作"灯亮。

2. 处理步骤

① 复归音响，记录时间。
② 检查表计、光字牌及保护动作情况。
③ 复归 1 号电容器开关把手，复归保护屏信号。
④ 检查 1 号电容器一次设备无问题后，将上述情况报告调度。
⑤ 必要时调整主变分接头位置，投入电容器。

3. 本例要点

因为是过电压保护动作，所以对一次设备进行检查、复归开关把手、保护屏信号即可。检查设备无问题，当系统电压偏低时，可投入运行。

（二）110 kV 黄金变 10 kV 电容器 062 断路器跳闸，速断保护动作

1. 现　　象

① 警报响、中央信号屏"信号未复归"牌亮，10 kV 控制屏 2 号电容器开关把手红灯灭，绿灯闪光。
② 10 kV 控制屏 2 号电容器电流表、无功表指示为零。
③ 2 号电容器保护屏"速断保护动作"灯亮。

2. 处理步骤

① 复归音响，记录时间。
② 检查表计、光字牌及保护动作情况。
③ 复归厂电容器开关把手，复归保护信号。
④ 对 2 号电容器一次设备进行检查。
⑤ 将上述情况报告调度。

3. 本例要点

因为是保护动作，所以故障原因不查清不得送电。

第七节　站用系统事故处理

一、站用系统故障类型

（1）站用交流系统故障：主要有部分停电、全部停电、站用变本体故障等。
（2）站用直流系统故障：直流电源消失、直流系统接地等类型故障。

二、站用交流电消失的事故处理

1. 站用交流电消失的原因

（1）站用系统失去电源；
（2）系统故障造成全站失压；
（3）站用电源回路故障导致站用电失压。

2. 站用交流电失电的事故处理

当发生站用交流电源消失时，运行人员应根据监控机报文、表计及保护、断路器动作情况判断电源消失的原因，如果是站内设备故障造成的应及时隔离故障设备，恢复站用电运行；如果是全站失压或电源线路故障跳闸引起的站用电消失，则应做好站内的应急措施，等待送电，并做到以下几点：

（1）汇报调度要求降低主变负荷，密切监视主变油温；对于强迫油循环冷却系统的变压器，应退出风冷消失跳闸连接片（温度和负荷在允许范围内运行时间不能超过 1 h），并尽快查处故障原因，恢复电源。

（2）关掉部分用电设备，只留一台监控机，以减小蓄电池对负荷设备的放电，保证重要设备的运行（如保护及自动装置、测控装置等）。

（3）密切监测蓄电池端电压，保证直流母线电压在合格范围。

1）站用交流电源部分停电的处理

站用交流部分失电，运行人员应先做好人身防护措施，对失电设备（例如，主变冷却器电源、机构箱加热电源、刀闸的操作电源等）进行检查，查找故障点。若是环路供电，应先检查备用电源是否已正常切换，若未自动切换应手动进行切换，保证站用负荷正常供电。进一步检查失电分支交流熔断器是否熔断，或自动空气开关是否跳开，可试送电一次，若送电正常，则可判断该分支无明显故障点；若送电不成功，则进行检查处理。

2）站用交流电源全部消失的处理

站用交流全部失去时，事故照明应自动切换，"主变风冷全停"、"交流电源故障"等信号发出。应检查站用变备自投动作情况，如果是备自投未动作，应立即手动合上备用站用变，若是本站电源进线失电导致的全站停电，应汇报调度通过其他联络线给站内送电；若是因为站内站用交流故障引起的全站停电，应迅速查找故障点。查找站内故障点应采用分段查找方式进行检查，根据各种现象判断故障点可能的范围。运行人员短时无法查找事故原因的，应尽快通知有关专业人员进一步查找。

三、变电站直流电压消失的事故处理

1. 变电站直流消失的危害

当变电站直流消失时,保护及自动装置、测控装置、断路器控制、信号回路失电,变电站处于失去控制的状态。此时如果线路或站内设备故障,本站设备不能动作,造成事故越级跳闸,轻则扩大事故范围,烧坏设备,重则造成大面积停电事故。

2. 变电站直流消失的原因

(1)高频电源模块交流输入消失或模块故障,导致无直流输出,此时如果发生蓄电池连接母线的总熔断器熔断或连接电缆断线将造成变电站直流电源消失。

(2)高频电源模块交流输入消失或模块故障,导致无直流输出,如果蓄电池容量不足,时间过长导致拖垮蓄电池组,造成变电站直流消失。

(3)直流馈线空开跳闸导致的直流消失。

3. 变电站直流消失的查找和处理

当变电站直流电源消失时,应检查直流母线电压,若无电压则检查充电机与母线的联络开关是否跳闸,高频模块的交流输入是否正常,连接蓄电池的总保险是否熔断,蓄电池组之间的连接是否有断线,电缆头是否脱落等,查到原因后应尽快处理,恢复直流电源。

四、直流系统接地

变电站直流系统所接设备多、回路复杂,在长期运行过程中会由于环境的改变、气候的变化、电缆以及接头的老化,设备本身的问题等,不可避免地发生直流系统接地。

1. 直流接地的现象

当直流系统正常运行时,正极和负极基本平分控制母线电压,母线对地电阻、支路对地电阻很大,当发生接地时,我们可以从直流绝缘监测装置观察到以下现象:

(1)当发生金属性接地时接地极对地电阻为零,发生不完全接地时,接地极电阻降低;

(2)当发生金属性接地时,接地极电压为零,未接地极电压升高为 220 V ± 10%,当发生不完全接地时,接地极电压降低(小于 110 V ± 10%),未接地极电压升高(大于 110 V ± 10%,小于 220 V ± 10%);

(3)绝缘监测装置告警。

2. 直流接地的危害

当直流系统发生一点接地时不会造成危害,但如果不及时查找接地点并排除,发生两点接地就会造成以下危害:

(1)保护、信号、自动装置误动或拒动;

(2)直流回路保险熔断;

(3)保护及自动装置、控制回路失去电源;

(4)断路器拒动,越级跳闸,造成事故扩大。

3. 直流接地的查找和处理

查找直流系统接地应采用拉路寻找、分段处理的方法，按先信号和照明部分，后操作部分；先室外部分后室内的原则。查找到接地点后应及时处理。

注意：查找直流接地必须用高内阻电压表。

查找直流接地的注意事项：

（1）直流系统发生接地时，应立即停止在二次回路上的工作。

（2）查找和处理必须两人进行。

（3）查找直流系统接地点时，应与调度联系，对保护回路的试拉，应在调度同意后进行。

（4）拉路时间不超过 3 s。

（5）在处理直流接地时，不得造成直流短路和新的接地点。

（6）处理直流系统接地试拉寻找接地点操作中，为防止保护误动，在拉信号、控制回路开关、熔丝时，应正负极同时拉，或先拉正电源再拉负电源；恢复时，顺序相反。

五、实例分析

110 kV 黄金变站用交流电源全停：

1. 运行方式

110 kV、35 kV、10 kV 系统为正常运行方式，1 号站用变运行，2 号站用变热备用，站用变备自投在投入位置。

2. 事故现象

10 kV 黄白线过流 I 段保护动作，断路器控制回路断线，三跳失败，1 号主变低压侧复合电压过流 I 段保护动作，10 kV 分段 010、1 号主变低压侧 011 断路器跳闸，10 kV I 母失压，备自投动作，1 号站用变 411 断路器跳闸，412 断路器合闸，2 号站用变低压侧过流保护动作，412 断路器跳闸，站用交流电源消失。"1、2 号主变风冷电源消失"，1、3 号电容器失压保护动作，061、063 断路器跳闸。

3. 处理步骤

（1）将事故情况汇报调度，要求降低 1、2 号主变负荷，并密切监视 1、2 号主变油温。

（2）检查 2 号站用变低压侧出口电缆接头 A、B 相有严重的烧伤痕迹。

（3）断开 10 kV I 段母线上 003、004、005、0001 断路器，退出站用变备自投。

（4）拉开黄白线 0023、0021 隔离开关。

（5）投上 1 号主变低压侧充电保护压板，合上 011 断路器对 I 母充电。

（6）充电正常后退出充电压板。

（7）依次合上 1 号站用变 0001、411 断路器，恢复站用交流电源。

（8）依次合上 003、004、005 断路器，恢复对用户供电。

（9）检查主变风冷系统运行正常，检查直流系统充电电源正常。

（10）检查 002 断路器控制回路断线原因。

（11）将 2 号站用变转检修，进行处理。

综合练习

一、简答题

1. 什么是电气设备事故？依据事故范围大小事故可分为哪几类？
2. 事故处理的基本原则是什么？事故处理的一般原则有哪些？
3. 处理事故时各级值班人员间的相互关系是如何确定的？
4. 哪些操作可不待调度指令自行先处理后报告？
5. 简述事故处理的步骤。
6. 异常及事故处理后需要进行哪些记录？
7. 造成线路故障的常见原因有哪些？
8. 简述线路故障跳闸处理的原则。
9. 造成变压器故障跳闸的原因有哪些？
10. 变压器故障跳闸的现象有哪些？
11. 简述处理主变压器故障跳闸的原则。
12. 母线故障跳闸的原因有哪些？母线故障有哪些现象？
13. 说明母线故障跳闸一般处理步骤？
14. 简述电容器故障处理的原则。
15. 电容器"电压过低保护"和"速断保护"动作有何不同？应如何处理？

二、实操项目

1. 110 kV 黄金变电站发生事故，事故现象"35 kV 黄磨线 303 断路器过流Ⅰ段动作，重合闸动作，过流Ⅱ段加速动作，302 断路器处于分闸状态。"。试分析事故性质，如何处理？

2. 110 kV 黄金变电站发生事故，事故现象"110 kV 黄利线 102 断路器零序Ⅰ段动作，接地距离Ⅰ段动作，保护屏显示：101CK A，重合闸动作，成功，102 断路器处于合闸状态"。试分析事故性质，如何处理？

3. 110 kV 黄金变电站发生事故，事故现象"110 kV 黄利线索 02 零序Ⅱ段动作，接地距离Ⅱ段动作，重合闸动作，零序Ⅱ段加速动作"。试分析事故性质，如何处理？

4. 110 kV 黄金变电站发生事故，事故现象"2 号主变差动保护动作，跳 2#主变三侧断路器，2#主变处于停电状态"。试分析事故性质，如何处理？

5. 110 kV 黄金变电站发生事故，事故现象"1 号、2 号主变中压侧 A 相电压为零，B、C 相为线电压，35 kVⅠ、Ⅱ母接地地指示灯亮"。试分析事故性质，如何处理？

6. 110 kV 黄金变电站发生事故，事故现象"1 号主变中压侧后备保护动作，一时限跳 310，二时限跳 311，35 kVⅠ母失电"。试分析事故性质，如何处理？

附录一 贵州电力职业技术学院 220 kV 实训变电站

(一) 变电站一次接线图

贵州电力职业技术学院 220 kV 实训变电站一次接线图见附图 1.1。

220kV 采用双母线分段接线、110kV 采用单母线分段接线、10kV 未接线。

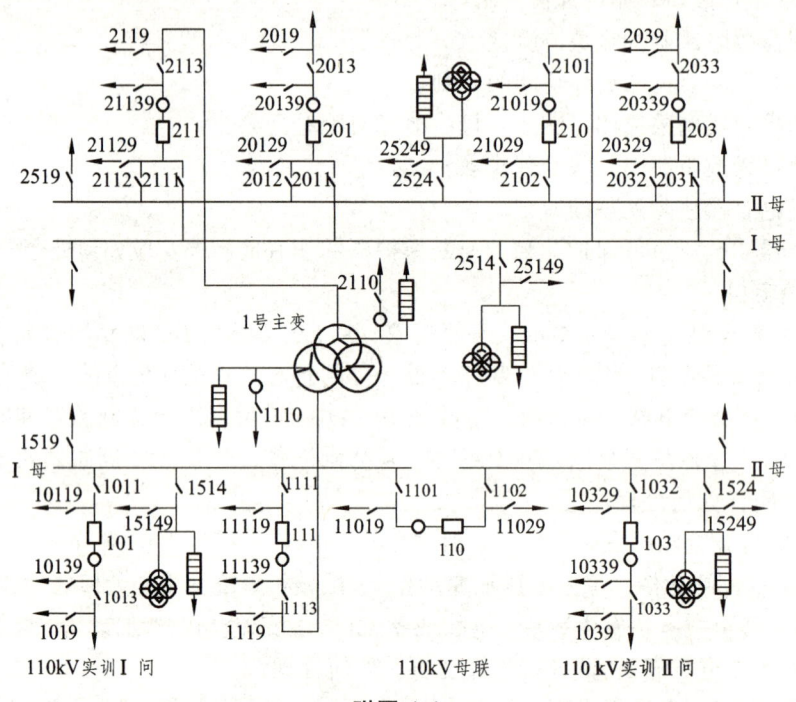

附图 1.1

(二) 正常运行方式

1. 220 kV 系统正常运行方式

220 kV 实训 I 回线 201 断路器、1 号主变压器 220 kV 侧 211 断路器运行于 220 kV I 组母线，220 kV 实训 II 回线 203 断路器运行于 220kV II 组母线，220 kV 两组母线并列运行。

2. 110 kV 系统正常运行方式

110 kV 实训 I 回线 101 断路器、1 号主变压器 110 kV 侧 111 断路器运行于 110 kV I 段母线，110 kV 实训 II 回线 103 断路器运行于 110 kV II 段母线，110kV 两段母线并列运行。

附录二　市北局 110 kV 黄金变电站

（一）市北局 110 kV 黄金变电站电气主接线（见附图 2.1）

（二）正常运行方式

市北局 110 kV 黄金变采用三个电压等级，110 kV、35 kV、10kV 都采用单母分段接线，本站装有两台主变，容量为 50 MVA，为贵阳新星变压器厂生产的三相三绕组风冷有载调压电力变压器。

1. 110 kV 系统正常运行方式

110 kV 开黄线 101 断路器、黄利线 102 断路器运行于 110 kV Ⅰ段母线，开久黄华线 103 断路器热备用于 110 kV Ⅱ段母线，110 kV 两段母线并列运行。

2. 35 kV 系统正常运行方式

35 kV 黄磨线 303 断路器、黄司 Ⅰ 回 305 断路器、黄司 Ⅱ 回 305 断路器运行于 35 kV Ⅰ段母线，备用 301、309 断路器冷备用于 35 kV Ⅰ段母线；35 kV 出线三 306 断路器、出线四 308 断路器运行于 35 kV Ⅱ段母线，出线一 302 断路器、出线二 304 断路器、出线五 300 断路器冷备用于 35 kV Ⅱ段母线，35kV 两段母线并列运行。

3. 10 kV 系统正常运行方式

10 kV 1 号电容器 061 断路器、3 号电容器 063 断路器、黄白线 002 断路器、黄鑫线 003 断路器、黄茶 Ⅰ 回 005 断路器、黄茶 Ⅱ 回 004 断路器运行于 10 kV Ⅰ段母线，备用 001 断路器冷备用于 10 kV Ⅰ段母线；10 kV 2 号电容器 062 断路器、4 号电容器 064 断路器、出线三 023 断路器、出线四 024 断路器运行于 10 kV Ⅱ段母线，出线一 021 断路器、出线二 022 断路器、出线五 025 断路器冷备用于 10 kV Ⅱ段母线。

（三）继电保护及自动装置配置

1. 110 kV 线路保护配置（见附表 2.1）

附表 2.1　110 kV 线路保护配置

线　路	保护方案	具体配置
开黄线	CSL164B 微机保护	三段式距离保护、四段零序保护、本线低周减载、三相一次重合闸
黄利线	CSL164B 微机保护	同上
开久黄华线	CSL164B 微机保护	同上

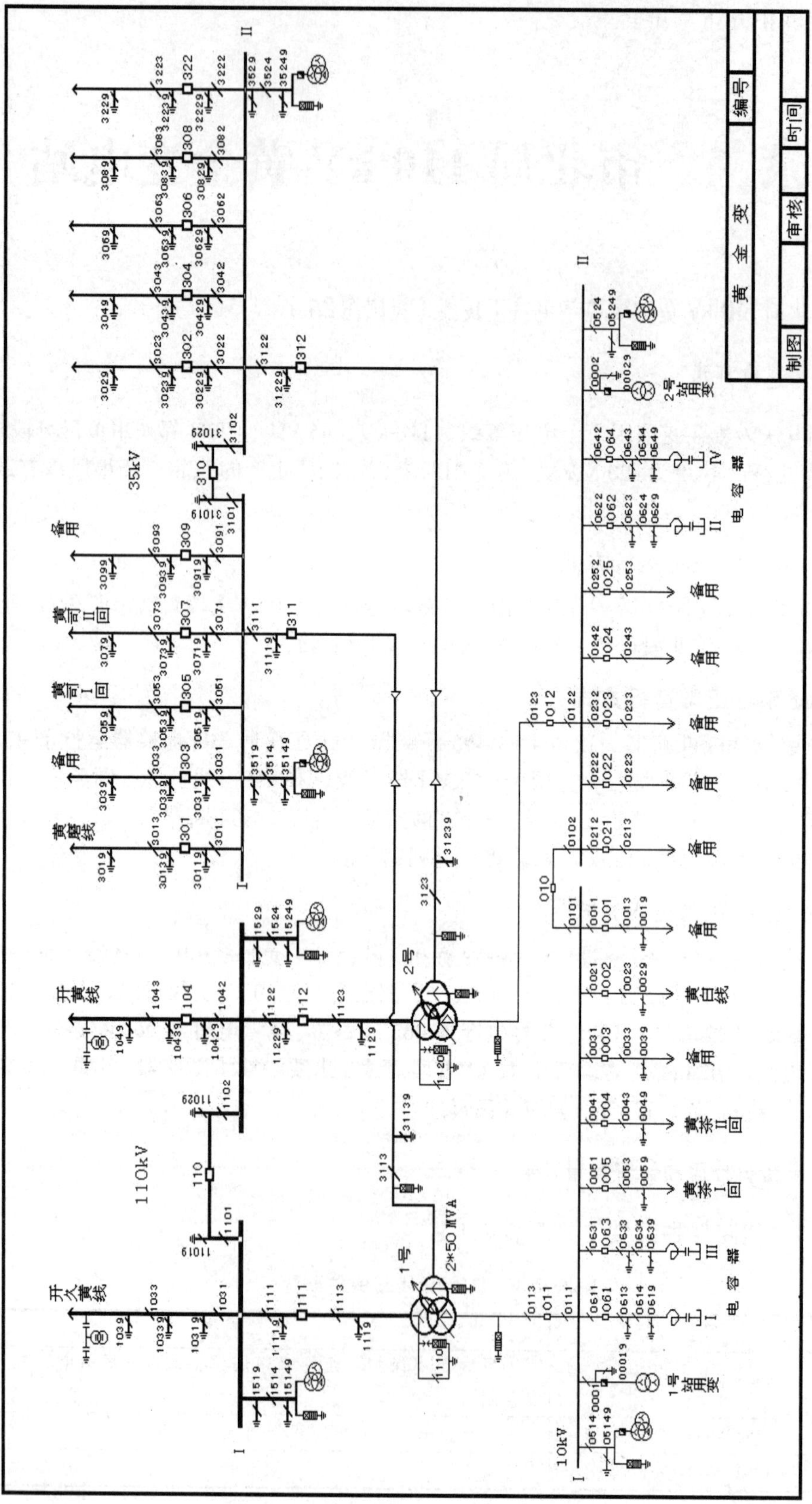

附图 2.1 110 kV 黄金变电站主接线图

2. 主变保护配置（见附表 2.2）

附表 2.2　主变保护配置

保护方案	具体配置
CST31A 数字式变压器保护（主保护）	差动速断保护、CT 二次断线判别、高、中、低压侧过负荷告警、差流越线告警、过电流启动通风和过电流闭锁调压
CST230BE 数字式变压器保护（后备保护）	高方零流Ⅰ、Ⅱ段；高压零序间隙保护；高方复压Ⅰ、Ⅱ段；中方复压Ⅰ、Ⅱ段；低方复压Ⅰ、Ⅱ段；中低压母线充电保护
CSR-22A 本体保护装置	本体重瓦斯、调压瓦斯、风冷消失Ⅰ、压力释放Ⅰ、Ⅱ

3. 35 kV 系统保护配置（见附表 2.3）

附表 2.3　35 kV 系统保护配置

线路	保护方案	具体配置
35kV 线路	CSL216BE 保护	带方向和低压闭锁的三段式过流保护、过流加速保护、过负荷保护、反时限、低周减载保护、三相一次重合闸、遥控跳合闸、PT 断线、弹簧未储能、小电流接地选线

4. 10 kV 系统保护配置（见附表 2.4）

附表 2.4　10 kV 系统保护配置

线路	保护方案	具体配置
10 kV 线路	CSL216BE 保护	带方向和低压闭锁的三段式过流保护、过流加速保护、过负荷保护、反时限、低周减载保护、三相一次重合闸、遥控跳合闸、PT 断线、弹簧未储能、小电流接地选线
电容器	CSP215NE 保护	两段式过流保护、过负荷保护、过电压保护、失压保护、单相不平衡电压保护、遥控跳合闸、PT 断线

5. 备用电源自动投入装置（见附表 2.5）

附附表 2.5　备用电源自动投入装置

线路	保护方案	具体配置
110 kV 线路	CSB21BE	双电源互为备用：101 开黄线与 103 开久黄华线互为备用
站用变	CSB21BE	1#、2#站用变低压侧互为备用

参 考 文 献

[1] 杨志辉. 电气运行技术与管理[M]. 北京：中国电力出版社，2011.
[2] 潘龙德. 电气运行[M]. 北京：中国电力出版社，1999.
[3] 余遐强. 110 kV 变电运行作业员岗位培训教材. 北京：中国电力出版社，2013.
[4] 余遐强. 220 kV 变电运行作业员岗位培训教材. 北京：中国电力出版社，2013.
[5] 余遐强. 变电运行技能培训教材. 北京：中国电力出版社，2012.